2023年度湖南省社科成果评审委员会项目
“湖湘地区老旧住区适老化环境设计研究”

居住区坐憩
环境设计研究

赵旭菁　张潇月 / 著

JUZHUQU ZUOQI HUANJING SHEJI YAN JIU

中南大學出版社
www.csupress.com.cn

图书在版编目(CIP)数据

居住区坐憩环境设计研究 / 赵旭菁, 张潇月著.
长沙: 中南大学出版社, 2025.1.
ISBN 978-7-5487-6037-5
Ⅰ. TU984.12
中国国家版本馆 CIP 数据核字第 2024KR7876 号

居住区坐憩环境设计研究

JUZHUQU ZUOQI HUANJING SHEJI YANJIU

赵旭菁　张潇月　著

□出 版 人　林绵优
□责任编辑　唐天赋
□责任印制　唐　曦
□出版发行　中南大学出版社
社址: 长沙市麓山南路　邮编: 410083
发行科电话: 0731-88876770　传真: 0731-88710482
□印　　装　广东虎彩云印刷有限公司

□开　　本　880 mm×1230 mm 1/16　□印张 7　□字数 206 千字
□版　　次　2025 年 1 月第 1 版　□印次 2025 年 1 月第 1 次印刷
□书　　号　ISBN 978-7-5487-6037-5
□定　　价　68.00 元

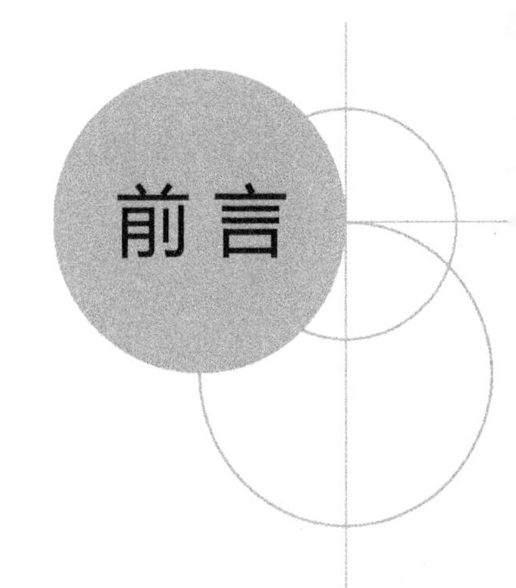

2024年7月国务院印发《深入实施以人为本的新型城镇化战略五年行动计划》，提出要加快构建新发展格局，着力推动高质量发展，以满足人民日益增长的美好生活需要为根本目的。随着社会的进步和人们生活水平的提高，人们对居住环境的要求不再仅仅局限于基本的居住功能，而是更加注重环境的舒适性、文化性、生态性和可持续性。居住区坐憩环境作为连接室内与室外的桥梁，其设计的重要性日益凸显。出于对当前居住区坐憩环境项目中常常出现忽视人的行为活动需求的考虑，本书从环境行为学的视角进行了居住区坐憩环境的行为分析，探讨了系统建设方法。基于环境行为学的居住区坐憩环境设计研究将复杂的居民行为归纳成一系列心理需求的结果，是对城乡居住区坐憩环境与人相互作用、相互影响这种本质关系的深度剖析，也是对城乡居住区坐憩环境未来营造模式的探索。通过对坐憩环境的研究，可以了解城市坐憩空间与居民的休息、交往的相互关系以及其中的特点与规律，为我国居住区坐憩环境的探索提供依据。

本书的研究具有重要的理论价值和实践意义。理论上，它丰富了环境心理学、景观设计学、城市规划学等相关学科的研究内容，为居住区环境设计提供了新的视角和思路。实践上，本书通过案例分析、设计原则探讨、优化策略提出等方式，为设计师、开发商、政府管理部门及广大居民提供了可借鉴的参考，有助于推动居住区坐憩环境的整体提升，促进人与环境的和谐共生。

本书共分为六章。本书一是从理论层面阐述了居住区坐憩环境的背景、基本概念、发展历程、主要研究内容与方法。二是确定了环境行为学的研究视角，分析了其理论特点和应用优势，以及引入研究主体的必要性和可行性。三是通过对长沙市典型案例的比较分析，总结当前居住区坐憩环境设计中存在的问题及原因。四是提出了具体的优化策略和实施路径，包括建设原则、网络组织策略、景观设计思路、设施配置要求等方面，并针对上海城居住区进行了坐憩环境设计改进设想，展示了对居住区坐憩环境设计的创新思路。五是总结了研究的局限与不足，展望了未来居住区坐憩环境设计的发展趋势，强调了科技、生态、人文等多方面的融合与创新。

本书由湖南大众传媒职业技术学院专职教师赵旭菁、张潇月撰写。作者以求真、务实、创新的研究态度，经过3年多的时间，将课题研究成果撰写成10余万字的学术专著。为了保证学术专著的质量，课题组多次征求专家意见，反复进行论证、研究和修改，数易书稿，反复斟酌，终于按期完成任务并付梓成册。

积极发展居住区坐憩环境是加快我国居住区环境高质量发展的客观需要，是我国从传统生产力向新质生产力转型的重要内容。未来居住区坐憩环境发展的理论与实践还将随着城镇化、工业化的进程不断丰富，居住区坐憩环境研究专题成果也需要不断地充实。由于笔者研究和写作水平有限，本书难免存在一些疏漏和欠缺，恳请同行专家和同仁能够不吝赐教，给予批评指正，相互探讨，共享研究成果，为推动中国城乡居住区坐憩环境发展的理论与实践探索做出更大的贡献。

本书是2023年度湖南省社科成果评审委员会项目“湖湘地区老旧住区适老化环境设计研究”（XSP2023YSC081）的研究成果。

目录

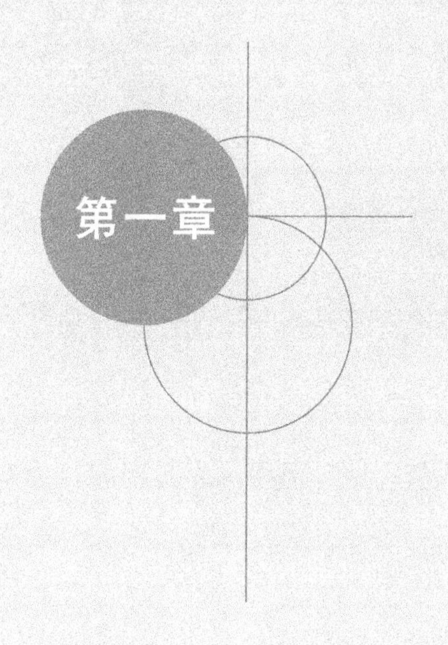

绪　论

1.1　研究背景

随着城市经济建设的快速增长和改革步伐的加快，城市出现了大规模的居住区建设，其在整个城市的建设总量中占很大比重。居住区正面临从单一小区模式向多样化模式发展的变革，这将对居住区坐憩环境产生深远影响。同时，随着经济文化的发展，居住水平逐步提高，促使人们对居住环境品质提出了更高层次的要求。人们对物质、精神生活的要求越来越高，对居住区坐憩环境的要求也逐步提高。就居住区功能发展的角度来说，城市居住区环境的品质直接决定了居民在居住区内交往活动的程度。因此，居住区坐憩环境的品质直接影响到城市建设的整体水平。加强对居住区坐憩环境的研究，改进

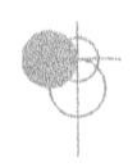

居住区景观环境建设，已经成为刻不容缓的事情①。

坐憩是城市中最基本、最必要的休闲方式。坐憩不仅是一种休息方式，而且是一种积极健康的现代生活方式，融休闲、娱乐、交往、亲子、工作、教育等多种功能于一体。在闲暇时间，人们通过坐憩体验居住区中的景观环境，满足放松心情、愉悦身心、邻里交往等需求。坐憩是人们自身的需求，并对个人发展有着重要的意义。因此，创造宜人的坐憩环境，不仅是为了城市的建设和小区品质的提高，还应考虑现代人的坐憩需求，满足居民对坐憩品质的要求，从而建设能够提升城市活力、拓展城市公共生活的坐憩环境。在目前我国城市仍以附加形式的坐具设计为导向的居住区策略和城市发展模式的情况下，应及时认识到坐憩对于城市生活和环境可持续的重要性，并且推动从坐具设计向坐憩环境设计的转变，提高对居民坐憩环境需求的关注，遵从居民的活动规律、行为特点、普遍感受和实际需要，并转译成设计者的语言落实在物质空间环境上，营造高品质、人性化的城市公共空间②。

居住区坐憩环境，作为城市生活中不可或缺的一部分，其重要性日益凸显。它不仅是居民日常休憩、放松的场所，而且是促进邻里交流、增强社区凝聚力的关键空间。然而，要让这一环境真正发挥潜力，为居民提供更加舒适、便捷、富有吸引

① 赵元月.基于环境行为学的广州市近郊住区散步环境研究[D].广州：华南理工大学，2012.

② 马惠娣.休闲：人类美丽的精神家园[M].北京：中国经济出版社，2004.

力的服务，我们还需要进行更加深入和全面的研究。

首先，当前针对居住区坐憩环境的研究资料相对匮乏，这限制了我们对该领域全面而深入的理解。已有的研究往往侧重于单一方面的探讨，如空间布局、绿化设计或设施配置等，缺乏系统性的整合与综合分析。因此，我们需要加大研究力度，广泛收集国内外相关案例，结合实地调研和数据分析，形成一套完整、科学的研究体系，为未来的设计实践提供坚实的理论基础。

其次，坐憩环境设计者和市政规划人员在这一领域的知识储备和重视程度亟待提升。部分坐憩环境设计者在设计过程中可能过于追求形式美感或经济效益，而忽视了居民的实际需求和使用体验。部分市政规划人员则可能因工作繁忙或专业限制，未能给予坐憩环境设计足够的关注和支持。这导致了一些居住区坐憩环境存在设计不合理、设施不完善、维护不到位等问题，严重影响了居民的使用体验和满意度。

为了解决这些问题，我们需要从两个方面入手。一方面，要加强对坐憩环境设计者和市政规划人员的培训和教育，提高他们的专业素养，增强责任意识。通过举办专题讲座、研讨会等形式，普及坐憩环境设计的相关知识，引导他们关注居民的实际需求和使用体验，注重设计的实用性和可持续性。另一方面，要建立健全监管和评估机制，对居住区坐憩环境的设计、建设、维护等环节进行全程监管和评估，确保设计方案的科学性、合理性和可行性，及时发现并纠正存在的问题。

1.2 研究目的和意义

1.2.1 研究目的

在当今快速城市化的背景下，居住区坐憩环境作为城市公共空间中与居民日常生活紧密相连的一环，其设计质量直接反映城市对居民生活品质的关怀程度。本书对这一细微却至关重要的领域进行深入研究，不仅是对人性化设计理念的一次小范围且深刻的探索，而且是对公共艺术设计理念的一次重新审视与升华。我们期望通过这一研究，能够挖掘出坐憩环境背后所蕴含的人文关怀与社会价值，从而推动设计实践向更加人性化、更加贴近居民需求的方向发展。

本书的研究目的具体落实在以下两个方面：

①探讨居住区坐憩环境由“大同小异的坐具设施”向“满足大众坐憩行为需求的各类灵活空间环境”转变的可能性。

②为居住区坐憩环境的设计与建设提供理论依据与现实参考。

1.2.2 研究意义

居住区坐憩环境的建设步伐，尽管在近年来得到了社会各界的广泛关注和积极推动，且发展速度有所加快，但仍面临着一个显著的问题：缺乏一套系统性的理论指导框架来引领其健康、有序地发展。当前，多数居住区坐憩环境的建设往往侧重于硬件设施的配置与空间布局的美观性，却忽略了如何真正融入并服务于居民的日常行为模式，以及满足其心理需求。因此，对居住区坐憩环境的发展现状进行全面、系统的归纳与总结，并据此构建理论支撑体系，显得尤为迫切和重要。

本书正是基于这一现实背景与理论空白，从环境行为学的独特视角切入，深入探索居住区内居民在坐憩环境中的行为模式及其背后的心理机制。通过细致的观察、访谈与数据分析，我们将尝试归纳出不同年龄段、不同生活习性的居民在坐憩环境中的典型行为特征，以及这些行为如何受到环境因素（如空间布局、设施设计、绿化景观等）的影响。这一过程不仅是对环境行为学理论在居住区坐憩环境领域的一次重要应用拓展，也是对坐憩环境人性化设计理念的深化与实践。

1.3 相关概念的界定

1.3.1 环境行为学

行为是人的心理的反应，行为的目的或动机是满足人们的需求。人类行为与物质环境在许多方面存在着有机的联系。很多理论经常提到环境在塑造行为上的作用，目的在于研究人的行为和物质环境的特点之间的关系①②。行为科学是一门研究人类行为规律的综合性学科，重点研究和探讨在社会环境中人类行为产生的根本原因及行为规律，以行为作为研究

① 陈翚. 行为·环境：城市广场景观设计的行为学理论应用研究[D]. 长沙：湖南大学，2003.

② 石谦飞. 建筑环境与建筑心理学[M]. 太原：山西古籍出版社，2001.

的内涵①。

环境行为学研究人的行为与人所处的物质、社会、文化环境之间的相互关系，并应用这方面的知识改善物质环境，提高人类的生活质量②。

环境行为学，这一融合了环境科学、心理学、社会学及设计学等多学科知识的综合性领域，也常被称作环境设计研究，它深刻地探讨了人类与其所处物质环境之间复杂而微妙的相互作用关系。这一学科不仅关注物质环境的物理特性，如空间布局、色彩搭配、材质选择等，还强调这些物理要素如何与人的感知、认知、情感及行为模式产生联系，进而影响人们的生活体验与品质。在环境行为学的视角下，物质环境系统被视为一个动态、多维的生态系统，它与人的系统（包括个体的生理、心理需求及社会文化背景）之间存在着相互依存、相互影响的关系。这种关系超越了简单的因果链条，形成了一个复杂的反馈机制，其中任何一方的变化都可能引发另一方的相应调整。环境行为学的基本使命在于，通过系统性的研究，揭示并理解那些决定物质环境性质的关键因素，以及这些因素如何以直接或间接的方式影响人们的生活品质。这要求研究者不仅要具备扎实的理论基础，还需要运用多种研究方法（如实地观

---

① 陈岚. 高层居住环境行为心理与设计策略研究[D]. 重庆：重庆大学，2003.

② 赵子墨. 基于POE评价方法的城市公共景观设计研究：以大连开发区世纪广场与体育公园为例[D]. 沈阳：沈阳建筑大学，2011.

察、问卷调查、访谈、实验设计等)来收集和分析数据，从而得出科学可靠的结论。在此基础上，环境行为学致力于将研究成果进行实际应用，通过制定环境政策、进行空间规划、优化环境设计及开展公众教育等手段，将理论知识转化为改善生活品质的实际行动。这些行动旨在创造一个更加人性化、宜居、可持续的物质环境，使人们在其中能够感受到舒适、安全、便捷与和谐，从而全面提升生活满意度和幸福感。综上所述，环境行为学作为一门应用性极强的学科，不仅为理解人与环境之间的关系提供了独特的视角与理论框架，还为推动社会进步、提升生活品质提供了有力的支持与指导。随着城市化进程的加快和人们对生活品质要求的不断提高，环境行为学的研究与应用将日益受到重视和关注(图 1-1)。

环境行为学作为一门深入探究人类行为与环境之间相互作用关系的科学，为环境的设计与建造提供了坚实而严谨的理论支撑与实践指导。它不仅揭示了环境因素如何塑造和影响人类的行为模式，还强调了人类行为对环境的反作用，从而促使我们在创造生活空间时更加注重人性化、功能性与可持续性。

在坐憩环境的设计中，环境行为学发挥了不可替代的作用。坐憩，作为居民日常生活中不可或缺的一部分，不仅关乎身体的休息与放松，而且是情感交流、社会互动与文化体验的重要场所。因此，如何设计出一个既满足生理需求又兼顾心理感受的坐憩环境，成为环境行为学研究的重要课题之一。

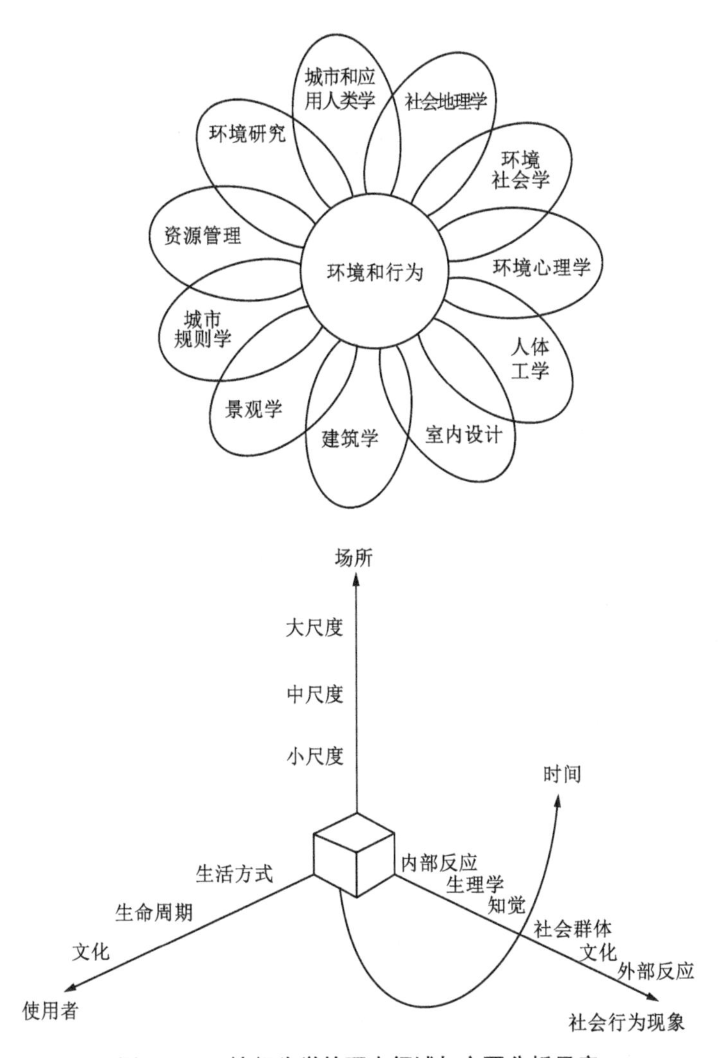

图 1-1　环境行为学的研究领域与主要分析尺度

图片来源：根据张东辉等《居住区坐憩环境设计探究》[①]绘制

① 张东辉，程鹏. 居住区坐憩环境设计探究[J]. 中外建筑，2008(6).

本书旨在从行为心理的角度出发，深入分析居民在坐憩环境中的行为表现及其背后的心理机制。通过细致观察与科学分析，我们将探讨不同人群在不同情境下的坐憩行为特点，以及这些行为如何受到环境布局、设施配置、氛围营造等多种因素的影响。同时，我们还将关注居民在坐憩过程中的情感体验与心理需求，力求在设计中充分融入人性化元素，让坐憩环境成为居民心灵的栖息地。

1.3.2 居住区

居住区是城乡居民定居生活的物质空间形态，是关于各种类型、各种规模居住及其环境的总称。居住区不仅包括住宅及与其相关的道路、绿地，还包括与该居住区居民日常生活相关的商业、服务、教育、活动、道路、场地及管理等内容①。

1.3.3 坐憩环境

“坐憩”是“坐”与“憩”的结合，既非工作状态，也非彻底放松，是指精神与肢体都能保持弹性的状态，比如候车、就餐、阅览、赏景、纳凉等。其重要特征主要体现在个体行为有很大的自由选择度，受主客观因素的影响都较大。“坐憩”不

---

① 周俭. 城市住宅区规划原理[M]. 上海：同济大学出版社，1999.

仅是身心相对放松的一种行为方式，还是一个积极的自我调整过程①②。

如果按照构成的性质来划分，环境包括自然环境、生物环境、人工环境和社会环境。③ 坐憩环境是属于人工环境的一部分，同时与其他环境产生交互作用。④ 我们一般以人为考察对象，将人类以外的一切自然和社会的事物都看作环境因素。环境至少应包括关于时间和空间等要素。⑤

坐憩环境作为住宅区内不可或缺的宝贵资源，它不仅是居民在日常行走中暂时停下脚步、寻求心灵与身体放松的避风港，也是促进邻里交流、享受自然美景、增进社区凝聚力的重要场所。这一空间环境，以其独特的魅力，吸引着人们在忙碌的生活工作中寻得片刻宁静与惬意。

在构建这样一个以“坐”为核心行为的休息空间时，设计者的匠心独运尤为重要。首先，座椅的选择与布置是基础。座椅的位置需精心考量，既要便于人们放松，又要让人们享受到较佳的景观，比如面向社区绿地、儿童游乐区或宁静的水景，

---

① 张红雷. 公共坐具与坐憩行为关系研究[D]. 上海：东华大学，2009.

② 周晓娟. 户外坐憩设施设计研究[J]. 规划师，2001(1)：87-90.

③ 梁宇凌，马静. 发展生态建筑 营造生态城市 改善人居环境[J]. 建筑与设备，2011(3)：7-8.

④ 温骐祯. 户外游憩体验质量评价研究[D]. 上海：同济大学，2006.

⑤ 金潇. 基于行为心理学的城市公园游憩空间营建初探[D]. 雅安：四川农业大学，2012.

让人们在休息的同时也能感受到生活的美好。座椅的类型应多样化，以满足不同年龄层、不同身体状况居民的需求，确保每个人都能找到最适合自己的休息方式，例如长椅、单人椅、带扶手的休闲椅等。然而，一个真正舒适的坐憩空间环境远不止于此。每一张座椅所处的具体环境同样需要经过细致入微的设计。

从本书研究角度出发，笔者对坐憩环境作如下定义：

坐憩环境，作为城市与居民生活紧密相连的温馨角落，是日常生活中不可或缺的重要组成部分。它不仅仅是一个物理空间的存在，更是人们根据内心对坐憩行为的深切需求，精心挑选并赋予多重行为目的的活动场所。这一环境构建了一个独特的时空体系，其中时间、空间与活动三者紧密相连，共同塑造出一个个既私密又开放、既宁静又充满活力的休憩空间。

在这个时空体系中，时间不再是简单的流逝，而是被赋予了特定的意义。无论是清晨的第一缕阳光洒在长椅上，还是傍晚时分夕阳余晖下的静谧时光，它们都为坐憩活动赋予了不同的氛围与情感色彩。空间则成为承载这些活动的舞台，无论是宽敞开阔的广场、绿树成荫的道路，还是静谧幽雅的庭院，都为坐憩者提供了多样化的选择，以满足他们不同的需求与偏好。

在这样一个轻松自在、不受外界干扰的环境中，坐憩者得以完全释放自己，沉浸在自由而愉快的氛围中。他们或独自静坐，享受心灵的宁静；或三五成群，分享生活的点滴与喜悦；或沉浸在自然的怀抱中，欣赏四季更迭的美景；或虽忙碌于日常琐事，如候车、就餐、阅览等，但不忘在这片刻的停留中寻找一份宁静与放松。

更为重要的是，坐憩环境还是人与自然环境、人工环境、社会环境之间交互的桥梁。在这里，人们不仅可以近距离地接触自然，感受大自然的鬼斧神工，还可以欣赏到人类智慧的结晶，如精心设计的园林景观、充满艺术气息的建筑小品等。同时，坐憩环境也是社会交往的重要场所，它促进了邻里之间的交流与理解，增强了社区的凝聚力与归属感(图 1-2)。

图 1-2　日常生活中的坐憩环境

图片来源：张东辉等《居住区坐憩环境设计探究》

1.3.4 居住区坐憩环境

居住区坐憩环境，这一概念深刻地体现了空间设计的艺术性与实用性并重的理念，它不仅仅是一个物理空间的存在，更是一个承载着居民生活情感与社会交往功能的重要载体（图1-3）。作为空间的具体表现形式，它展现出了独特的形态特征，这些特征主要体现在界面的和谐、围合感的营造及空间比例的精心规划上。

图1-3 居住区坐憩环境

图片来源：张东辉等《居住区坐憩环境设计探究》

首先，界面是构成居住区坐憩环境的基本元素之一。这里的界面不仅指物质上的边界，如建筑的外墙、绿化带的边缘、道路的界限等，也涵盖了视觉、心理乃至文化上的分隔与融合。通过精心设计的界面处理，坐憩环境得以与周围环境相协调，形成统一而又不失个性的整体风貌。同时，界面的通透性、材质选择等也会直接影响到坐憩者的感受与体验，营造出或开放或私密或温馨或宁静的不同氛围。

其次，围合感是居住区坐憩环境不可或缺的特质之一。良好的围合感能够给予坐憩者安全感与归属感，使他们在享受休闲时光的同时，也能感受到家的温暖与庇护。这种围合感可以通过多种方式实现，如利用建筑、围墙、绿化带等自然或人工元素进行围合，形成相对封闭而又与外部环境保持联系的空间；也可以通过巧妙的布局与景观设计，营造出一种视觉上的围合效果，让坐憩者感受到空间的层次与深度。

再次，空间比例的把握对于居住区坐憩环境的营造至关重要。空间比例不仅影响着环境的整体美感与舒适度，还直接关系到坐憩者的行为模式与心理感受。一个合理的空间比例能够让人感到宽敞而不空旷、紧凑而不拥挤，从而更加愿意停留并享受其中的乐趣。因此，在设计居住区坐憩环境时，需要充分考虑空间的比例关系，确保各个功能区域之间的协调与平衡。

最后，居住区坐憩环境与居民的生活紧密相关，它不仅是居民日常生活的重要组成部分，而且是社会交往与情感交流的重要场所。在这里，居民可以放松身心、享受自然、交流思想、增进友谊，共同构建一个和谐美好的社区生活图景。因此，在规划与建设居住区坐憩环境时，应充分尊重居民的需求与意愿，注重环境的实用性与人性化设计，努力为居民创造一个舒适、便捷、充满人文关怀的公共活动空间。

1.4　国内外研究概况

1.4.1　环境行为学的理论拓展

随着社会的发展，规划与建筑的学者逐渐将心理学原理应用在他们所研究的领域中，并取得了一定的进展①。20世纪50年代中期，城市规划家凯文·林奇(Kevin Lynch)运用心理学有关图式的理论，开始研究波士顿、泽西、洛杉矶这三座不同城市的意象。他从实际的问题出发，不断深入涉及关于城市

① 梁静. 建筑环境心理学在高校建筑外环境设计中的应用[D]. 太原：太原理工大学，2006.

设计的问题，并且于1960年出版了《城市意象》(*The Image of the City*)一书。在书中第六页，凯文·林奇指出这个意象必须包括物体与观察者以及物体与物体之间的空间或形态上的关联。这个物体必须为观察者提供实用的或是情感上的意蕴。这种意蕴也是一种关系，但完全不同于空间或形态的关系①。很显然，不同的条件下，对于不同的人群，城市设计的规律有可能被倒置、打断，甚至是彻底废弃。20世纪60年代后，环境行为科学蓬勃发展，挪威建筑学教授诺伯格·舒尔兹(C. Norberg-Schulz)以皮亚杰心理学的理论为基础，研究了“空间”问题，写出了《存在·空间·建筑》一书，在理论上做出了新的贡献。他在书中谈到所有中心都是“行为的场所”，也就是特别活动完成的场所，对主体来说，它还是亲友的家那样社会相互作用的场所，“这样的场所经常是被限定的，它是由人创造，根据人的特别目的而设”，实际上行为是与特别场所开始发生关系才有意义作用的，根据场所的特征，而为行为披上不同色彩②。美国加州大学建筑学教授克里斯托弗·亚历山大(Christopher Alexander)在20世纪60年代发表了有关论文，其中《城市不是一棵树》(*A City is Not a Tree*)里谈到城市是生活的载体。生活是千丝万缕的，城市把它们包容在内。如果城市

---

① 林奇.城市意象[M].方益萍，何晓军，译.北京：华夏出版社，2001.

② 舒尔兹.存在·空间·建筑[M].尹培桐，译.北京：中国建筑工业出版社，1990.

是树，它就会切断生活千丝万缕的联系，以致生活本身会变得支离破碎①。他的几本关于城市规划与设计的重要著作是《建筑模式语言》（*A Pattern Language*）和《城市设计新理论》（*A New Theory of Urban Design*）。《建筑模式语言》的生命力在于“以人为本”。它是该著作的主题思想，像一条鲜艳的红线贯穿始终，各模式的字里行间洋溢着浓浓的人情味和对人的无微不至的关爱，如保护生态环境，绿化美化城镇和住宅，反对建筑风格的千篇一律，鼓励人际交往，强调人、社会和自然环境三者的和谐统一，等等②。在《城市设计新理论》中亚历山大和他的同事提出一种新的城市设计理论，其目的是再现城市有机发展过程③。

20 世纪 50 年代末，环境行为研究在欧美国家逐渐被塑造为一门学科，之后的 30 年中，其在英美国家成为建筑领域关于环境设计与社会行为因素方面极具影响力的研究方法之一④。我国在这一领域的研究起步比较晚，直到 20 世纪 70 年代末 80 年代初，才有一些学者涉足该领域。80 年代初我国一

---

① ALEXANDER C. A City is Not a Tree[M]. Sustasis Press, 2016.

② 亚历山大，等. 建筑模式语言[M]. 王听度，周序鸿，译. 北京：知识产权出版社，2002.

③ 亚历山大，等. 城市设计新理论[M]. 陈治业，童丽萍，译. 北京：知识产权出版社，2002.

④ 刘晨. 基于居民行为观察视角下的城市居住区景观构成研究：以合肥市居住区为例[D]. 合肥：合肥工业大学，2011.

些学者利用出国访问、学术交流及翻译著作等一系列活动陆续从美国、日本及欧洲等发达国家及地区引入有关的理论和方法，才引起国内学术界的广泛关注。他们在理论和实践中强调了人的价值，突出了时代精神，把建筑学从学院派形式主义的桎梏中解放出来，其历史功绩不可磨灭①。1996 年，中国环境行为学会成立，至今已走过了近 30 年的历程，现每两年召开一次国际学术研讨会。同时，我国很多高校都开设了环境行为学的课程，环境行为学的影响日益扩大，逐渐渗透到建筑学、城市规划学和相关学科的研究和实践中②。其在城市规划领域中的应用主要集中在城市街道、文化广场、城市公园等③④，且在建筑领域的理论研究与实践应用方面取得了一定的成果。朱兵的《环境行为学在建筑设计中的应用问题》⑤与何凡、邹瑚莹的《环境行为学指导的建筑调查研究》⑥从理论的角度阐述了近年西方环境行为学的发展，以及在建筑领域实

---

① 朱冰. 环境：行为学的发生和发展[J]. 新建筑，1987(1)：43-46.

② 李斌. 环境行为学的环境行为理论及其拓展[J]. 建筑学报，2008(2)：30-34.

③ 曹芳伟. 基于环境行为学理论下的城市街道研究[D]. 合肥：合肥工业大学，2009.

④ 吕萌丽，吴志勇. 基于环境行为学的城市道路节点空间整合研究：以广州市为例[J]. 规划师，2010(2)：73-78.

⑤ 朱兵. 环境行为学在建筑设计中的应用问题[J]. 世界建筑，1989(6)：17-20.

⑥ 何凡，邹瑚莹. 环境行为学指导的建筑调查研究[J]. 华中建筑，2004(3)：9-11.

际应用中取得的成果。郝晴、肖平凡的《浅谈环境行为学在居住社区建设中的运用》①通过分析行为心理与建筑空间环境的关系，评价一些现有的昆明居住社区的空间环境，以舒适性为原则，给今后的社区建设提出了一些具体的建议。文晓枫的《环境行为学视角下的开敞空间环境分析》②，李菲的《环境行为学与老年人住宅设计》③，李东梅的《环境行为学研究——从住宅庭园环境调查谈人的室外行为模式》④，张奕飞、陈波、李建军的《环境行为学视角下大学校园步行道路系统分析》⑤从不同空间角度阐述了环境行为学对其设计的应用情况。赵鑫、吕文博的《环境行为学在植物景观营造中的应用初探》⑥与王晨的《环境行为学在公园植物配置中的应用》⑦阐述了环境行为学在园林植物景观中的作用，探讨了植物景观与人的行为

---

① 郝晴，肖平凡. 浅谈环境行为学在居住社区建设中的运用[J]. 山西建筑，2011(1)：9-11.

② 文晓枫. 环境行为学视角下的开敞空间环境分析[J]. 山西建筑，2010(28)：12-14.

③ 李菲. 环境行为学与老年人住宅设计[J]. 内蒙古科技与经济，2007(21)：335-336.

④ 李东梅. 环境行为学研究：从住宅庭园环境调查谈人的室外行为模式[J]. 工业建筑，2005(10)：92-93.

⑤ 张奕飞，陈波，李建军. 环境行为学视角下大学校园步行道路系统分析[J]. 西安航空技术高等专科学校学报，2012(5)：60-63.

⑥ 赵鑫，吕文博. 环境行为学在植物景观营造中的应用初探[J]. 渤海大学学报(自然科学版)，2005(4)：309-312.

⑦ 王晨. 环境行为学在公园植物配置中的应用[J]. 绿化与生活，2012(4)：31-34.

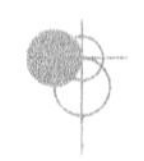

之间相互影响的关系。

环境行为理论是环境行为学的基础理论。学术界目前大致有三种观点。

(1)环境决定论①

环境决定论认为,环境决定人的行为活动。外在的因素决定人们反应的形式,环境要求人以特定的方式来行动。这种理论的缺陷是把人看成被动的存在,忽视了人根据自己的欲望和要求来选择、调整、改变环境的能力。

在建筑学领域中,环境决定论的思想体现为建筑决定论。建筑决定论相信,由人工或自然要素构成的结构形态会引导社会性的行为变化。20世纪30—40年代,现代建筑国际会议提出的一系列住宅设计原理以及很多国家的公共住宅运动,都是建立在城市和建筑设计将决定人的生活这一假说之上的②。

(2)相互作用论

在深入探讨相互作用论(interactionism)的精髓时,我们不难发现,这一理论框架将环境与人置于一个更为动态、复杂的相互关联的体系之中,超越了传统环境决定论的单向度视角。在相互作用论中,环境和人不再是孤立、静态的实体,而是被

---

① 米尔顿.环境决定论与文化理论:对环境话语中的人类学角色的探讨[M].袁同凯,周建新,译.北京:民族出版社,2007.

② LANG J. Creating architectural theory: The role of the behavioral sciences in environmental design[M]. New York: Van Nostrand Reinhold, 1987.

赋予了独立且客观的定义，它们各自拥有独特的属性与功能，同时又紧密交织在一起，共同塑造着行为的结果。

具体而言，相互作用论强调，行为的产生并非单纯由外在社会环境的压力或内在有机体(即人)的固有倾向单独决定，而是这两者之间持续、动态的相互作用过程的产物。这一过程既包含了环境对人的影响，如社会规范、文化价值、物理条件等塑造人的认知、情感与行为，也涵盖了人对环境的能动反应，即个体根据自身需求、能力、信念等，主动选择、解释并改造环境，以达成个人目标或满足生活需求。

尤为重要的是，相互作用论揭示了人作为能动主体的核心地位。它指出，人并非环境的被动接受者，而是能够积极应对环境变化，创造性地利用环境资源，甚至在一定程度上改变环境，以更好地适应和生存。这种主动性和创造性，使得人与环境之间的关系不再是简单的“刺激-反应”模式，而是一种更为复杂、多维度的互动过程。

因此，相互作用论相较于环境决定论而言，其进步之处在于它更加全面地认识到了人与环境之间的相互作用关系，强调了人的主观能动性在行为产生与变化中的重要作用。这种理论视角不仅有助于我们更深入地理解人类行为背后的复杂动机，也为我们在实践中如何促进人与环境的和谐共生提供了有益的启示。例如，在教育、城市规划、心理咨询等领域，相互作用论为我们提供了重要的理论指导和实践依据，帮助

我们设计出更加人性化、高效且可持续的解决方案。

(3)相互渗透论

相互渗透论的支持者秉持着一种深刻而全面的视角，他们坚信人与环境之间的关系远非简单的修正与被修正那么直接和局限。在他们看来，人类活动对环境的影响深远，这种影响超越了物理形态上的改变，更触及了环境本质与意义的重构。人们通过精心策划及持续不断的努力，不仅调整了自然界的面貌，如清理污染、绿化城市、建设基础设施等，更深层次地，这些行为也在悄然改变着人与环境互动的社会文化语境。

具体而言，人们通过改造物质环境，如规划社区布局、设计公共空间、营造居住氛围等，不仅影响了物理空间的布局与功能，也促进了社会关系的重塑与人际互动的深化。这种变化不仅仅是空间上的重新排列组合，更是对空间内人们行为模式、价值观念乃至生活方式的一种引导和塑造。人们开始以新的视角审视并解释这些被改造后的环境，赋予其新的目的与意义，从而实现从物质到精神层面的全面渗透与融合。

阿特曼·埃在其环境行为手册中，对相互渗透论进行了精辟的阐述。他强调，人与环境并非孤立存在的两极，而是相互交织、共同演进的统一体。这一观点打破了传统二元论的束缚。它认为人类不仅仅具有改造环境的物质力量，更拥有赋予环境新意义、新价值的非凡能力。人类通过语言、文化、艺术等多种方式，不断地对环境进行再解释和再创造，使环境成为人类思想、情感与价值观的载体，进而促进了人类文明的进步与发展。

因此，相互渗透论不仅仅揭示了人类活动对环境影响的深刻性和广泛性，更强调了人类在这一过程中的主动性和创造性。它鼓励我们以一种更加全面、深入和动态的眼光去审视人与环境的关系，探索如何在尊重自然规律的基础上实现人与环境的和谐共生与可持续发展。

随着时间的缓缓流淌，人与环境共同构建的这个复杂而微妙的系统，仿佛一幅生动的画卷，不断地被新的色彩与线条丰富和重塑。这种变化，作为系统内在固有的本质属性，不仅体现了自然界与人类社会动态平衡的微妙调整，也彰显了生命体与环境间无休止的互动与适应。变化本身并非指向一个预设的、静态的终点，而是如同一条蜿蜒曲折的河流，其流向与形态皆因沿途的岩石、植被乃至气候的微妙变化而不断调整，展现出一种弹性与可变性。

在这一变化的过程中，时间因素扮演着至关重要的角色。它超越了任何先验观念的束缚，以其无尽的流动性和不可逆转性成为推动人与环境关系不断演进的原动力。我们不再局限于既定的框架或理论去预测或控制这种变化，而是学会以更加开放和包容的心态，去观察和感受人与环境之间的每一个细微互动。

同时，基于人与环境不可分割的整体性认识，我们在深入研究这一复杂系统时，必须充分认识到考察对象的个别性与固有性。

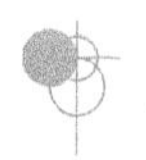

每一个环境系统、每一个个体人类，都是独一无二的存在。因此，在探索其基本原理和规律的同时，我们应保持对个别现象的敏锐洞察力，致力于对具体案例的深入调查和细致解释。

这种研究方法，不仅能够让我们更加全面、深入地理解人与环境关系的复杂性和多样性，还能够为制定更加精准、有效的环境保护政策和管理措施提供有力的支持。通过关注个别现象，我们能够发现那些隐藏在普遍规律背后的特殊规律和机制，从而为实现人与环境的和谐共生提供更加科学的指导和决策依据。

1.4.2 坐憩环境的研究现状

近年来，国外的一些学者对坐憩环境的设计提出了各自的看法，美国奇普·沙利文(Chip Sullivan)在《庭园与气候》一书中，讨论了土制座椅、方位朝向、下沉庭园、地下室、地下走廊、“热座椅”等要素在庭园设计中的重要性和实际应用，精辟地分析了百余个具体实例设计手法产生的背景，使读者了解到如何创造出凉风习习的宜人凉亭以使人们摆脱8月的骄阳，如何创造出温暖惬意的角落促使人们在寒冷的1月到室外活动，如何在兼顾比例、功能和舒适的情况下利用自然要素来创造并调节微气候、进行被动式设计等。他提出将气候、生活、社交与空间一起考虑，并介绍了在景观设计中怎样结合小气候设计座椅，解决坐憩的舒适性问题，以及创造微气候、控制各个季节的温度与湿度，从而节约能源、塑造美感①。比尔·梅恩（Bill Main）与盖尔·格瑞特·汉娜（Gail Greet Hannah）在《室外家具及设施：关于景观室外家具及设施的规划、选择和应用完全指南》中探索了家具对室外空间品质的作用方式，提供了概念性工具、技术信息和成功应用范例，提出了室外家具构成要素及室外家具挑选要点，以及关于景观室外家具及设施的规划、选择和应用完全指南②。克莱尔·库珀·马库斯与卡罗琳·弗朗西斯在《人性场所：城市开放空间设计导则》中关注了公共空间的各个层面，关注了设计对人的引导与控制，还关注了人的行为和活动；通过分析相对完整的视野框架、具体案例，对人们使用坐憩设施的具体问题进行了批判和解决；梳理了城市开放空间的各个层面，并提出了公共空间的愿景、基本模式、目标，从规划和法规的层面进行控制和引导的可能，以及空间形态、设计、行为学、目标人群需求、社会交往、环境质量控制、色彩、材料、气候、交往模式等各个方面对空间环境的影响；将城市开放空间分为城市广场、邻里公园、小型公园、袖珍公园、大学校园户外空间、老年住宅区户外空间等，系统地阐述了城市空间设计的理论与实践，告

---

① 沙利文. 庭园与气候[M]. 沈浮，王志姗，译. 北京：中国建筑工业出版社，2005.

② 梅恩，汉娜. 室外家具及设施：关于景观室外家具及设施的规划、选择和应用完全指南[M]. 赵欣，白俊红，译. 北京：电子工业出版社，2012.

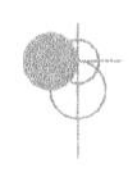

诉我们场所或空间不是让人参观的，而是供人使用的、让人成为其中的一部分；他对不同城市开放空间中座椅的朝向、形式，以及使用人群做了详细的研究和分析，并提出了新颖的观点和评价标准①。阿尔伯特·J. 拉特利奇(Albert J. Rutledge)在《大众行为与公园设计》一书中，提出把人的行为习惯作为环境设计的重要依据，尤其是对人行为分析与座椅设置进行了详细的分析②。这些研究成果都可以看出来人们对坐憩环境设计的态度，是真正的“为人而设计”。

根据调查，在我国在坐憩设施及空间研究方面成果是比较多的，有一些有益的探讨并取得了相关成果，例如：凌云峰的《公共坐憩设施研究》③与《公共坐憩设施与环境的融合》④讨论了对公共坐憩设施如何进行人性化设计的问题，提出目前在实际生活应用中公共坐憩设施存在的一些问题并提出了相应的解决方案。姜远的《城市公共空间中坐憩设施的人性化设计研究》总结了在城市公共空间中坐憩设施的人性化设计原则，并且总结出人性化设计原则应用于四处类型不同城市空间中的实际特色与侧重点，也是验证人性化设计原则在公共空间坐憩设施的

① 马库斯，弗朗西斯. 人性场所：城市开放空间设计导则[M]. 俞孔坚，孙鹏，王志芳，译. 北京：中国建筑工业出版社，2017.

② 拉特利奇. 大众行为与公园设计[M]. 王求是，高峰，译. 北京：中国建筑工业出版社，1990.

③ 凌云峰. 公共坐憩设施研究[D]. 西安：西安建筑科技大学，2007.

④ 凌云峰. 公共坐憩设施与环境的融合[J]. 山西建筑，2007(17)：26-27.

应用情况①。贾蓉的《"坐"的思考，"座"的设计：人的行为方式与户外坐憩空间的探索》以环境行为学和心理学为出发点，研究使用者的行为特点和心理需求，对几个不同性质的坐憩空间进行了对比，总结了问题，提出了初步的改进方案，但并未对不同性质空间深入研究②。陆倩茜与王洁的《人性化场所：坐憩空间的整合营造》从人性化的角度探讨了不同领域中坐憩空间的整合与营造，将步行与坐憩这两种行为方式用与之相应的空间环境将其整合在街路空间中③。何灵敏的《探索如何塑造一个可以坐的城市》④、贾蓉的《公共坐憩空间的研究》⑤、戚余蓉的《哈尔滨住区室外坐憩空间的问题分析》⑥、王萍萍的《珠江三角洲紧凑住区休憩空间形态设计研究》⑦从不同地域、角度探讨了坐憩空间存在的问题，提出了改进策略。宋天弘的《"中和"之道在

---

① 姜远. 城市公共空间中坐憩设施的人性化设计研究[D]. 北京：中国林业科学研究院，2013.

② 贾蓉. "坐"的思考，"座"的设计：人的行为方式与户外坐憩空间的探索[D]. 昆明：云南艺术学院，2011.

③ 陆倩茜，王洁. 人性化场所：坐憩空间的整合营造[J]. 低温建筑技术，2005(6)：21-22.

④ 何灵敏. 探索如何塑造一个可以坐的城市[D]. 长沙：湖南大学，2006.

⑤ 贾蓉. 公共坐憩空间的研究[J]. 大众文艺，2010(8)：121-123.

⑥ 戚余蓉. 哈尔滨住区室外坐憩空间的问题分析[J]. 黑龙江科技信息，2013(22)：211，87.

⑦ 王萍萍. 珠江三角洲紧凑住区休憩空间形态设计研究[D]. 广州：华南理工大学，2014.

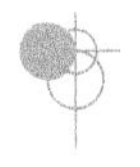

居住区坐憩环境设计中的应用》①对"中和"之道在居住区坐憩环境中的应用这一研究课题进行一定的分析，初步探寻中国传统文化在居住区坐憩环境设计中的应用，但重点放在了中国传统文化的形式上，并未对坐憩环境的空间形态的分类以及居民环境行为需求做更深入具体的探讨。张东辉、程鹏的《居住区坐憩环境设计探究》②意识到居民需要的并不是一张座椅，许多坐憩环境缺乏理想的环境营造，但作者并未提出切实可行的解决办法，没有进行深入的研究，而仅仅是停留在无障碍设计上，但这并不能解决当前问题。

1.4.3 环境行为学在居住区坐憩环境领域的应用与发展

丹麦建筑师扬·盖尔的《交往与空间》是较早研究人类交往与环境空间关系的一本经典著作。该书秉承了以人为本的设计思想，以环境行为学为研究方法，研究人们在户外空间的活动类型、活动方式及活动质量；提出运用设计手段吸引人们到户外公共空间中小憩与驻足，提出创造富有人情味的坐憩空间的方法，从而促成人们之间的交往，是有关坐憩环境与行为关系

---

① 宋天弘."中和"之道在居住区坐憩环境设计中的应用[D].沈阳：沈阳理工大学，2009.

② 张东辉，程鹏.居住区坐憩环境设计探究[J].中外建筑，2008(6).

研究的基础之作；着重从人及其活动对物质环境的要求这一角度来研究和评价城市和居住区中公共空间的质量，在从住宅到城市的所有空间层次上进行了详尽的分析，提出优质的坐憩环境组合十分重要①。威廉·F. 怀特(William F. Whyte)的《街角社会：一个意大利人贫民区的社会结构》对城市户外坐憩行为做了详细的观察与研究，并对坐憩环境的设计进行了分析与评价，他发现在户外空间中人群分布特征有所不同，坐憩行为远远超过了户外空间其他的用途②。国外学者在研究人与坐憩环境的关系中，提出的"坐"的环境气候、"坐"的行为心理、"坐"的场所参与等都对本书的研究奠定了坚实的基础。

在我国，环境行为学在居住区建设中取得了一定的成果，如郝晴、肖平凡的《浅谈环境行为学在居住社区建设中的运用》③分析人们在基本的行走与休憩活动时的心理及行为模式，从而建立居住社区环境空间目标体系，为创造宜人的社区人居环境提供理论指导；关于居住区整体环境设计的研究，如刘旭红、叶子君的《居民行为心理与居住小区环境设计》④和雷

① 盖尔. 交往与空间[M]. 何人可，译. 北京：中国建筑工业出版社，2002.

② 怀特. 街角社会：一个意大利人贫民区的社会结构[M]. 黄育馥，译. 北京：商务印书馆，1994.

③ 郝晴，肖平凡. 浅谈环境行为学在居住社区建设中的运用[J]. 山西建筑，2011(1)：9-11.

④ 刘旭红，叶子君. 居民行为心理与居住小区环境设计[J]. 南方建筑，2005(1)：81-84.

云尧的《基于行为与心理的居住小区设计研究》①，前者分析了人们对居住小区的需求及行为习惯，针对不同的环境构成要素提出设计建议，后者对居民户外活动进行分类，为满足不同活动需求创造宜人的活动空间；关于居住区绿地、景观设计的研究，如冯端的《行为心理与居住小区绿地的布置》②和庞颖、李文的《基于环境行为的住区植物景观设计策略研究》③，前者探讨了居住小区绿地规划和实际使用中的不相符现象，强调在小区绿地设计中考虑居民行为心理的重要性，后者则提出了基于环境行为的住区植物景观设计策略；关于居住区户外环境的研究，有高宁的《以环境行为学观点探讨居住区户外环境》④；关于居住区景观设计的研究，有熊鹏的《环境行为心理学在城市居住区景观设计中的应用》⑤、于深的《社区公共活动景观设计中的环境行为研究》⑥和王晓静的《居住小区景观设

---

① 雷云尧. 基于行为与心理的居住小区设计研究[J]. 安徽建筑，2011(3)：16-17.

② 冯端. 行为心理与居住小区绿地的布置[J]. 中外房地产导报，2002(15)：34-37.

③ 庞颖，李文. 基于环境行为的住区植物景观设计策略研究[J]. 安徽农业科学，2010(12)：6616-6618.

④ 高宁. 以环境行为学观点探讨居住区户外环境[D]. 咸阳：西北农林科技大学，2007.

⑤ 熊鹏. 环境行为心理学在城市居住区景观设计中的应用[D]. 南京：南京林业大学，2009.

⑥ 于深. 社区公共活动景观设计中的环境行为研究[D]. 北京：中国艺术研究院，2010.

计中环境行为研究》①；关于高层居住环境与设计的研究，有陈岚的《高层居住环境行为心理与设计策略研究》②。从已发表的环境行为相关研究的论文看，除以介绍环境行为学产生、发展、研究内容和基本理论为主的论文，国内对环境行为学的研究重点一般集中在探讨如何运用环境行为学的理论分析人的行为心理及人的行为与环境的相互关系，并反馈到建筑空间环境、城市各类公共空间和开敞空间、居住区户外空间、高校校园空间等的设计中。其中，以对城市各类公共空间和开敞空间设计研究的论文最多。而从上述对基于环境行为学的居住区规划设计研究的论文整理中可以看出，在居住区规划领域内，相关研究的焦点也集中于对居住区户外空间环境或绿地景观设计方面③。

总体而言，近年来，我国建筑学与城市规划领域的研究群体已经显著增强了对环境使用者（即人）的行为心理层面的关注与探索。这一转变体现了学术界对于构建更加人性化、更加宜居的空间环境的深刻认识。研究者们纷纷采用环境行为学的视角和工具，深入分析人的需求层次、行为模式及心理偏

① 王晓静. 居住小区景观设计中环境行为研究：以海阳御景小区景观设计为例[D]. 济南：山东建筑大学，2012.

② 陈岚. 高层居住环境行为心理与设计策略研究[D]. 重庆：重庆大学，2003.

③ 孙雪芳，金晓玲. 行为心理学在园林设计中的应用[J]. 北方园艺，2008(4)：162-165.

好，力求在规划与建筑设计中融入更多的人文关怀。然而，值得注意的是，尽管环境行为学在我国设计领域的应用已初具规模，但其影响力的广度和深度仍有待加强。

具体而言，环境行为学的理论成果目前主要集中在传统的规划、建筑及景观三大领域，这些成果为提升设计品质、优化空间布局提供了有力支撑。然而，在其他与人们生活密切相关的行业中，如公共空间设计、室内装饰、城市家具配置等，环境行为学的应用还较为有限，尤其是将其研究成果有效转化为具体设计实践的案例并不多见。这一现象反映出跨学科交流与合作的不足，以及环境行为学知识普及与应用的滞后。

尤其值得关注的是，坐憩环境作为居民日常生活中不可或缺的一部分，其设计却鲜少得到环境行为学理论的充分指导。坐憩环境不仅关乎居民的身体舒适与健康，也是社区交往、休闲放松的重要场所，对提升居民生活品质具有不可替代的作用。然而，当前对于居住区坐憩环境的研究尚处于起步阶段，相关的理论探讨与实践应用均显不足。这既表现在相关文献资料的稀缺上，也体现在实际项目中对居民坐憩需求的忽视与应对策略的缺失上。

深入分析这一现状背后的原因，不难发现，一方面，长期以来，规划与设计领域往往更侧重于空间形态、功能布局等硬性指标的考量，而忽视了人的行为心理等软性因素的作用；另一方面，居民坐憩活动的重要性及其对居住环境质量的贡献未能得到足够重视，导致相关研究与实践的滞后。

面对居民日益增长的生活品质需求和居住环境期待，住区规划研究者、规划师及房地产开发商亟须转变观念，将居民坐憩需求纳入规划设计的核心考量之中。通过加强环境行为学的研究与应用，深入了解居民的行为模式与心理偏好，从而创造出更加符合人性化需求、促进社区和谐的坐憩环境。这不仅是对居民生活质量提升的积极响应，也是推动城市规划与建筑设计领域创新发展的重要途径。

1.5 研究内容和方法

1.5.1 研究内容

本书聚焦于居住区坐憩环境这一核心问题，以环境行为学作为坚实的理论基础，旨在通过深入调研与细致分析，为提升居住区居民的生活质量贡献智慧。本书首先聚焦于居住区居民的日常行为模式与心理特征，通过问卷调查、访谈、观察等多种方法，全面收集并解析居民在坐憩活动中的实际需求与心理偏好。这一过程不仅揭示了居民对坐憩环境的基本功能要求，如舒适度、便捷性，还深入挖掘了其在情感交流、休闲娱乐、自我放松等方面的深层次需求。

在此基础上，本书进一步剖析了当前居住区坐憩环境所面临的多重困境，包括但不限于空间布局不合理、设施配备不完善、环境氛围营造缺失等。这些问题不仅影响了居民坐憩体验的质量，也在一定程度上制约了社区活力的激发与和谐氛围的构建。

为了寻求解决之道，本书深入探讨了行为需求导向下的坐憩环境空间构成及组织方式。通过对比分析不同居住区坐憩环境的成功案例与待改进案例，总结出了一系列基于居民行为需求的空间设计原则与策略，如空间尺度的适宜性、功能分区的合理性、景观元素的融合性等。这些原则与策略为后续的坐憩环境设计提供了宝贵的参考与指导。

最终，本书结合上述研究成果，提出了对居住区坐憩环境的整体设计理念，即以人为本，注重人性化设计。这一理念强调在设计过程中应充分考虑居民的实际需求与心理感受，力求创造出既满足基本功能要求又富含人文关怀的坐憩环境。同时，本书还提炼出了居住区坐憩环境人性化设计的指导思想，包括尊重自然、融入文化、促进交往等，为未来的设计实践指明了方向。

为了推动研究成果的落地与应用，本书初步建立了居住区坐憩环境设计的研究框架。该框架不仅涵盖了研究背景、研究目的、研究意义、理论基础、研究方法等基本要素，还详细规划了设计原则、策略、流程及评估体系等关键环节。这一框架的建立为相关领域的研究人员与设计师提供了系统性的指

导与参考，有助于推动居住区坐憩环境设计研究的深入发展与实践创新。

（1）环境行为学的应用现状与潜在拓展空间的分析与研究

在深入探讨居住区坐憩环境设计之前，全面了解环境行为学的应用现状，分析其理论特点与应用优势，并探索其在其他设计领域的潜在拓展空间，对于明确环境行为学引入居住区坐憩环境设计的必要性和可行性具有重要意义，也为后续研究的顺利开展奠定了坚实的理论基础。

（2）对居住区坐憩环境现状的调研与分析

在深入分析居民在坐憩环境中的行为心理需求时，我们需要从多个维度出发，全面考察居民在休闲、交流、放松等活动中所展现出的心理特征与行为倾向。这些需求包括但不限于对空间私密性与开放性的平衡追求、对自然环境的亲近渴望、对社交互动的促进需求，以及对设施舒适度和便捷性的基本要求。通过细致观察与访谈调研，我们可以将这些心理需求转化为具体的行为模式，如独处静思、群体交谈、家庭聚会、儿童游戏等，这些模式直接反映了居民在坐憩环境中的实际行为偏好。

（3）基于环境行为学的居住区坐憩环境的系统建设方法

在深入探讨居住区坐憩环境的设计原则与方法时，我们需利用环境行为学的理论精髓，深刻把握使用者（即居民）的行为心理需求，并直面当前设计中存在的缺陷与不足。基于这一认知，我们可以从建设原则、网络组织策略、景观设计思路、设施配置要求这四个核心维度出发，构建一套全面、系统的设计指导框架，旨在为居住区坐憩环境的设计注入新的活力与创意。

(4)设计实例分析

为了充分验证所提出的居住区坐憩环境设计原则与方法的可行性，并展现其在实际应用中的显著成效，我们将以长沙上海城居住区为例，进行深入的改进设计分析。我们预期其成效将远超原有状态，实现可行性的成倍提升。

1.5.2　研究方法

(1)文献综述法

本书运用了文献研究的方法，致力于构建一个全面、系统的理论框架，以支撑对居住区坐憩环境改进设计的探索。在这一过程中，我们不仅进行了全面的信息搜集，还进行了广泛深入的文献资料查阅与分析。我们跨越了地域界限，广泛搜集了国内外关于居住区坐憩环境发展的权威著作、学术论文、研究报告及行业规范，力求全面把握该领域的历史脉络、最新进展及未来趋势。

在梳理国内研究现状时，我们重点关注了近年来居住区规划与设计领域的最新成果，特别是那些融合了环境行为学理论的实践案例。这些案例不仅展示了如何通过科学的方法分析居民的行为模式和心理需求，还揭示了如何将这些分析结果转化为具体的空间设计方案，从而有效提升居住区的坐憩环境质量。通过对这些案例的深入分析，我们提炼出了居住区坐憩环境设计的基本原则和成功要素，为后续的设计改进提供了宝贵的参考。

同时，我们也将目光投向了国外，考察了国外在居住区坐憩环境建设方面的先进经验和理论创新。通过对比国内外的研究成果和实践经验，我们发现尽管文化背景、生活方式和气候条件等方面存在差异，但环境行为学的核心原理在指导居住区坐憩环境设计方面却具有普遍的适用性和指导意义。这一发现进一步坚定了我们将环境行为学理论引入居住区坐憩环境改进设计的决心和信心。

在梳理环境行为学的研究现状及其相关理论拓展时，我们细致入微地分析了该领域的核心概念、理论体系、研究方法及应用领域。我们特别关注了环境行为学在居住区规划与设计中的具体应用原理，如空间认知理论、行为模式分析、环境心理学原理等，并探讨了这些原理如何与居住区坐憩环境的设计实践相结合的方法，以实现空间布局的优化、功能需求的满足以及居民心理感受的提升。

通过这一系列文献研究工作，我们不仅加深了对居住区坐憩环境发展相关理论的理解，还明确了环境行为学对居住区坐憩环境建设及发展的潜在影响。这些研究成果不仅为本书的整体研究奠定了坚实的理论基础，还为后续以长沙上海城居住区为例的坐憩环境改进设计提供了明确的方向和具体的指导。通过这一过程，我们期待能够验证并展示本书所提出的设计原则与方法的可行性与有效性，为居住区坐憩环境的持续优化贡献智慧与力量。

(2)调查法

本书的调查研究工作聚焦于长沙市居住区的坐憩环境，旨在通过全面而深入的分析，揭示该领域内的实际状况与潜在问题。为了确保研究结果的准确性和代表性，我们采取了多元化的调研方法，具体包括实地调研、深度访谈及广泛问卷调查等，这些方法相互补充，共同构成了本次调研的坚实基础。通过上述多种调研方法的综合运用，我们对长沙市居住区的坐憩环境使用情况、居民坐憩行为特征、居民坐憩面临的问题及其原因等方面进行了全面而深入的调查研究。这些调研成果不仅为我们揭示了当前长沙市居住区坐憩环境的现状与问题，也为我们后续提出针对性的改进建议提供了有力的数据支持和理论依据。同时，我们也意识到，随着城市的发展和人民生活水平的提高，对居住区坐憩环境的需求也在不断变化和升级。因此，我们将持续关注该领域的发展动态，为长沙市乃至全国范围内的居住区坐憩环境建设贡献我们的智慧和力量。

(3)归纳分析法

本书基于对居住区坐憩环境的系统性实地调查研究，不仅进行了观察与记录，还深入细致地搜集了丰富多样的数据资料。这些数据涵盖了坐憩空间的使用频率、时间段分布、居

民行为模式、满意度评价等多个维度，为我们全面理解居住区坐憩环境的现状提供了坚实的数据支撑。

在数据收集的基础上，我们采用科学的归纳分析方法，对海量数据进行了细致的梳理与分类。通过统计软件与人工分析相结合的方式，我们提取了关键信息，揭示了不同坐憩环境之间的使用差异及其背后的原因。这一过程让我们看到了坐憩环境在布局、设计、设施配置等方面的直观问题。我们深入剖析了影响居民使用体验的深层次因素，如空间舒适度、私密性保护、可达性、便捷性、文化认同感等。

通过深入分析居民对不同坐憩环境的使用情况，我们总结了当前居住区坐憩环境存在的主要问题。这些问题包括但不限于：空间布局不合理导致使用效率低下、设施老化破损影响使用体验、绿化景观单调缺乏吸引力、缺乏针对不同人群需求的定制化设计等。同时，我们也探讨了这些问题产生的根源，如设计理念滞后、资金投入不足、维护管理不到位等。

在指出问题的同时，我们也积极寻求解决方案，归纳出居住区坐憩环境所需的相关环境要素。这些要素旨在提升坐憩环境的整体品质，满足居民多元化、个性化的需求。具体而言，我们认为居住区坐憩环境应具备以下几个方面的要素：一是合理的空间布局与流线设计，确保空间的高效利用与便捷可达；二是舒适的座椅与配套设施，提供良好的休息与交流环境；三是丰富的绿化景观与生态设计，营造宜人的自然环境；四是考虑不同人群需求的定制化设计，如设置儿童游乐区、老年人休闲区等；五是注重文化氛围的营造，体现地域特色与社区精神。

综上所述，本书通过对居住区坐憩环境的实地调查研究与数据归纳分析，不仅揭示了当前存在的问题及其原因，还提出了相应的解决策略与所需的环境要素。这些研究成果对于指导未来居住区坐憩环境的规划与设计具有重要的参考价值，有助于提升居民的生活质量与幸福感。

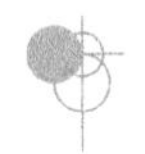

1.6 研究框架

本书的研究框架如图 1-4 所示。

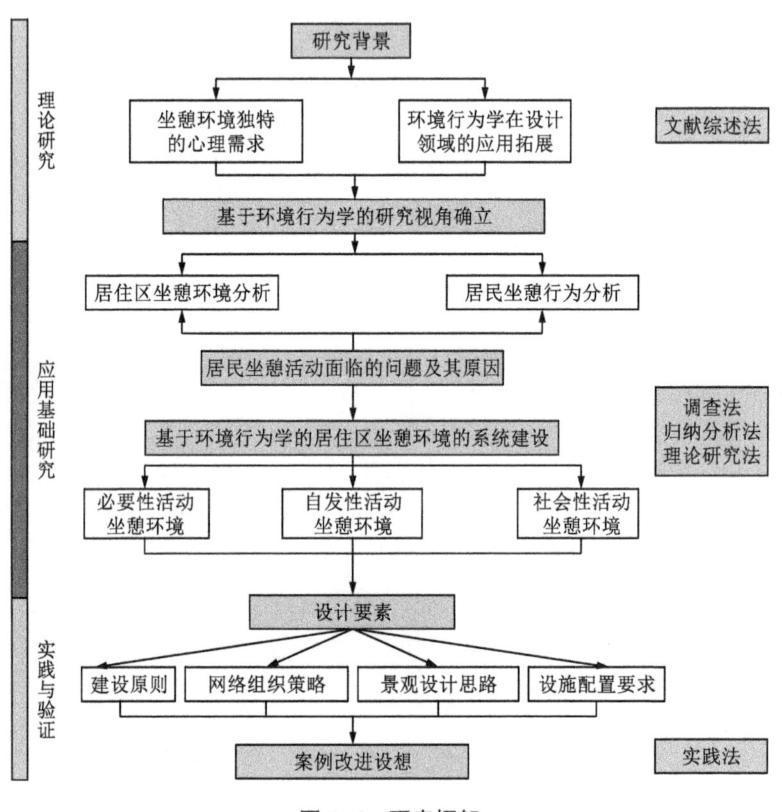

图 1-4 研究框架

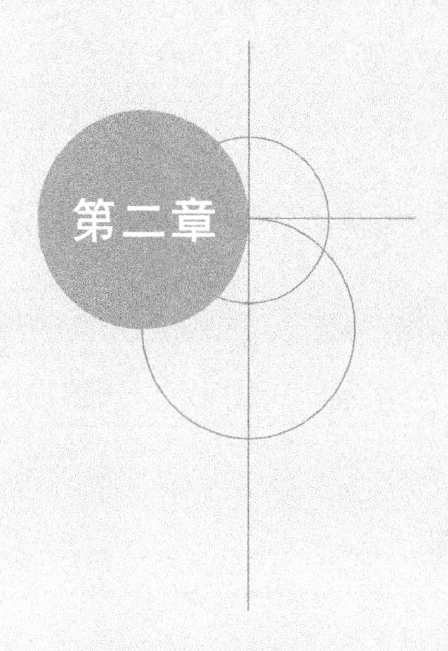

第二章 基于环境行为学的研究视角确立

2.1　环境行为学的理论特点

2.1.1　综合性

环境行为学作为一门高度综合且日益受到重视的学科，其研究领域之广、跨学科特性之强，成为连接社会科学与环境科学的桥梁。它不仅深深植根于社会地理学、环境社会学、环境心理学等经典社会科学领域，还广泛吸收了人体工学、设计学、建筑学、景观学、城市规划学、应用人类学等现代学科的精髓，形成了一个庞大而复杂的学科体系。这一学科体系通过融合多领域的视角与方法，展现了环境与人之间复杂而微妙的互动关系。

环境行为学在探索中，对个体层面的关注从未缺席，它细致入微地剖析了个体内在的心理过程如何影响其对环境的感知、偏好及行为反应。然而，环境行为学的视野远不止于此，它将目光投向了更为广阔的社会层面，深入研究整体社会行为模式、社会价值体系、文化观念形态等宏观因素如何与环境产生互动，进而影响人类社会的整体发展轨迹。这种从微观到宏观的全方位考察，使得环境行为学能够触及社会行为的深层结构，揭示出那些隐藏在日常行为背后的社会、文化和心理因素。

环境行为学的跨学科特性，决定了它在研究方法上的多样性和创新性。它不拘泥于某一学科的固定范式，而是灵活运用多种理论工具和分析手段，如问卷调查、访谈、行为观察、空间分析等，以实现对人与环境关系的多维度、多层次解析。这种综合性的研究方法，不仅丰富了环境行为学的理论体系，也为其在实际应用中的有效性提供了有力保障。

更重要的是，环境行为学致力于寻求环境与行为之间的辩证统一关系，即探究如何通过优化环境设计来促进积极行为的发生，同时理解行为变化如何反过来影响环境的演变。这种双向互动的视角，为城市规划、建筑设计、景观设计等领域提供了宝贵的理论指导和实践策略，有助于创造出更加人性化、宜居的生活环境，从而提高人们的生活品质和幸福感。

综上所述，环境行为学以其宽广的研究领域、深厚的跨学科基础、综合的研究方法，以及对环境与行为关系的深刻洞察，成为推动社会进步和环境可持续发展的重要力量。它不仅促进了理论建构的完善化，也为解决现实生活中的环境问题提供了科学依据和实践指导。随着社会的不断发展和人类对环境问题的日益关注，环境行为学的研究将更加深入和广泛，为构建人与自然和谐共生的美好未来贡献智慧和力量。

2.1.2　应用性

环境行为学作为一门深度剖析人类行为与其所处环境之间错综复杂关系的学科，其研究范畴广泛而深刻。它不仅关注个体层面的行为表现(包括人们从日常生活中积累的经验、做出的具体行动)，还将这些行为与多元化环境——物质的、社会的、文化的——视为一个相互依存、相互影响的整体系统进行深入剖析与综合利用。这一跨学科的研究视角，旨在通过深入理解人类行为与环境之间的动态关系，为优化我们的居住环境、提升生活质量提供科学依据和实践指导。

在李道增教授所著的《环境行为学概论》中，该学科的核心理念得到了全面而深刻的阐述。环境行为学巧妙地借鉴了心理学领域的基本理论框架、研究方法及核心概念，将研究的焦点对准了人类在城市空间与建筑环境中的多样化活动，以及这些活动背后所折射出的个体对环境的认知、情感反应、行为适应策略。这一研究路径不仅拓展了环境研究的边界，更深化了我们对人类行为与环境互动机制的理解。

与环境心理学相比，环境行为学在研究侧重点上表现出明显的差异。尽管两者都关注人类行为与环境的关系，但环境行为学更加聚焦于环境与人的外显行为之间的直接联系与相互作用。它不仅仅满足于解释人类行为背后的心理机制，更致力于探索如何通过改变环境设计来引导和促进积极的社会行为，进而提升人类的生活品质。这种强烈的应用导向，使得环境行为学的研究成果能够迅速转化为实际应用，为城市规划、建筑设计、景观设计等领域提供有力的支持。

在具体应用层面，环境行为学的研究成果被广泛应用于改善公共空间布局、提升居住区环境质量、优化工作场所设计等方面。通过深入分析人类行为模式与环境特征之间的内在联系，环境行为学为设计师们提供了宝贵的参考意见，帮助他们创造出符合人类行为习性、更加人性化的空间环境。这些努力不仅提升了居民的生活满意度和幸福感，还促进了社会整体的和谐与可持续发展。

综上所述，环境行为学以其独特的跨学科视角、深厚的理论基础及明确的应用导向，成为连接人类行为与环境的重要桥梁。它致力于揭示人类行为与环境之间的复杂关系，并通过优化环境设计来提升人类的生活品质，为构建更加宜居、和谐的社会环境贡献着智慧和力量。

2.1.3　两重性

环境行为学作为一门综合性极强的学科，其研究深度与广度均达到了前所未有的高度。它不局限于单一领域的探索，而是将目光投向了外界环境与人类自身行为之间的复杂而微妙的相互作用、相互影响的关系之中。这种双向性的研究视角，不仅赋予了环境行为学独特的魅力，也揭示了其深刻的两重性表现。

首先，探讨外界环境是环境行为学自然属性的体现。这一属性强调了环境作为行为发生的物理背景和社会舞台的重要性。环境行为学深入剖析了自然环境、城市空间、建筑布局、景观元素等外界因素对个体行为、群体行为乃至社会行为模式的塑造作用。它关注环境的物理特性如何影响人们的感知、认知、情感反应及行为选择，同时也探讨人类如何通过行为活动来适应、改变甚至创造新的环境。这种对环境与行为之间动态关系的深刻洞察，为城市规划、建筑设计、环境保护等领域提供了重要的理论依据和实践指导。

其次，探讨人类自身行为及人与人之间的交往是环境行为学社会属性的展现。这一属性将研究焦点转向了人类行为的社会性特征，强调了行为不仅是个体心理活动的外在表现，也是社会结构、文化传统、价值观念等社会因素共同作用的结果。环境行为学通过观察、记录和分析人们在不同环境中的行为模式、交流方式及社会关系网络，揭示了人类行为背后的社会逻辑和文化内涵。同时，它也关注人类如何通过行为来构建和维护社会关系，以及这些关系如何进一步影响环境的设计、使用和管理。这种对人类行为社会性的深刻剖析，有助于我们更好地理解人类社会的运行规律，为构建和谐社会、促进人际交流提供有益的启示。

综上所述，环境行为学的两重性不仅体现在其研究内容的双重性上(既关注外界环境对人类行为的影响，又重视人类行为对环境的塑造作用)，还体现在其研究视角的双重性上(既具有自然科学的严谨性和客观性，又蕴含社会科学的复杂性和人文性)。这种两重性使得环境行为学能够跨越学科的界限，将自然科学与社会科学的精髓融为一体，为探索人类与环境之间的和谐共生之道提供了独特的视角和方法。

2.2　环境行为学的应用优势

环境行为学作为一门新兴的学科，自传入我国以来，尽管时间尚短，但已在规划与建筑学领域内悄然生根发芽，并取得了一系列令人瞩目的研究成果。这些成果不仅丰富了我国在城市规划、建筑设计等领域的理论体系，也为实践中的设计创新提供了宝贵的理论指导与实践借鉴。环境行为学以其独特的人性化视角，强调在设计过程中应充分考虑人的需求与行为模式。这一理念正逐步渗透到更广泛的设计领域，展现出其强大的应用潜力和优势。

在新时代背景下，随着社会经济的快速发展和人民生活水平的不断提升，人们对生活品质的追求日益增强，设计领域也迎来了以人为核心、关注个体需求的全新趋势。环境行为学正是顺应这一趋势，从以人为本的核心理念出发，将设计的焦点从传统的以设计师为中心转移到关注人类自身心理需求与行为特征上来。这一转变不仅为坐憩环境的研究开辟了新的思路，也为解决当前坐憩环境建设中存在的理论不足、实践滞后等问题提供了可能。

坐憩环境作为人们日常生活中不可或缺的一部分，其设计质量直接关系到人们的身心健康与生活质量。然而，在现实中，我们不难发现坐憩环境的建设往往滞后于社会整体的高速发展，无法满足人们日益增长的需求。环境行为学的引入，为坐憩环境的研究提供了新的视角和方法。通过深入分析人们在坐憩环境中的行为模式、心理需求及与环境的互动关系，可以更加精准地把握设计的关键点，从而创造出更加人性化、舒适宜人的坐憩空间。

值得注意的是，尽管环境行为学在坐憩环境研究中的应用前景广阔，但目前在概念界定、内涵理解及外延拓展等方面仍存在空白。这要求我们在未来的研究中，需进一步深入挖掘环境行为学与坐憩环境之间的内在联系，明确相关概念的定义与边界，丰富和完善相关理论体系。同时，还应加强跨学科合作与交流，借鉴其他领域的研究成果和方法论，推动环境行为学在坐憩环境研究中的深入应用与发展。

2.3　环境行为学引入居住区坐憩环境的必要性和可行性分析

2.3.1　环境行为学引入居住区坐憩环境的必要性

在探讨居住区坐憩环境的设计时，若仅仅聚焦于座椅的造型美学与材料选择的生理舒适性，无疑在生理学层面可能达到了一定的标准，但这种单一维度的考量却忽视了坐憩环境中一个至关重要的因素——居民的行为心理需求。从更深层次来看，这样的设计思路往往难以真正触及人心，其结果往往是空间虽美，却缺乏灵魂，难以满足居民对情感交流、放松休憩的深层次需求，因此常常带来令人遗憾的体验。

这种设计上的局限性，核心在于它仅仅追求了生理学上的“最佳”坐憩设施配置，却忽略了人在使用这些设施时的心理感受与行为模式。一个良好的坐憩环境，不应仅仅是座椅的简单堆砌，而应是能够激发人们停留、交流、放松的温馨空间。它应当充分考虑到场地本身是否适宜坐憩活动，比如光照是否充足而不刺眼、通风是否良好、是否具备足够的私密性或开放性以满足不同人群的需求等。同时，坐憩设施在空间中的布局也需精心策划，既要避免拥挤，又要便于人们自然聚集，形成和谐的社交氛围。

将坐憩环境设计纳入居住区整体景观环境设计的框架中，是提升设计品质的关键一步。这意味着设计师需要跳出传统的局限，将人的活动、需求及心理特点作为设计的核心考量。然而，现阶段的居住区坐憩环境设计往往缺乏这种综合性的视角，导致空间与人的实际需求脱节。

环境行为学的引入，正是为了解决这一难题。它通过对人类在不同环境中的行为模式、心理反应、发展规律的深入研究，为坐憩环境的设计提供了科学的理论基础和实践指导。通过环境行为学的视角，设计师可以更加精准地把握居民在坐憩环境中的真实需求，从而创造出既美观又实用、既满足生理需求又兼顾心理感受的坐憩空间。

基于环境行为学的居住区坐憩环境设计研究，不仅体现了以人为本的设计原则，也是提升居民生活环境品质、促进社会和谐的有效途径。它要求设计师在设计中不仅要关注物质层面的建设，也要注重精神层面的营造，通过科学合理的规划与设计，让坐憩环境成为居民日常生活中的一抹亮色，为他们带来愉悦与放松的体验。因此，这一研究课题不仅具有重要的理论价值，在实践中也具有迫切的现实意义。

2.3.2　环境行为学引入居住区坐憩环境的可行性

环境行为学在城市规划、建筑学等设计领域的深入应用，不仅丰富了这些学科的理论体系，还推动了设计实践的创新与发展。通过多年的研究与实践，环境行为学在这些领域取得了诸多宝贵的理论思想、研究方法及实践成果，这些成果不仅促进了环境行为学自身的成熟与完善，还为环境行为学在更广泛领域的拓展奠定了坚实的基础。

在理论思想方面，环境行为学强调人与环境之间的相互作用与相互影响，提出了“以人为本”的设计理念。这一理念要求设计师在规划与设计过程中，不仅要关注物质空间的布局与功能，还要深入了解使用者的心理需求、行为习性等特征，从而创造出更加人性化、舒适宜人的空间环境。同时，环境行为学还揭示了环境对人类行为模式的塑造作用，以及人类行为对环境的反馈机制，为设计提供了科学的依据和指导。

在研究方法方面，环境行为学采用了定性与定量相结合的研究手段，如观察法、访谈法、问卷调查法、行为地图法等。这些方法使得设计师能够全面、深入地了解使用者在特定环境中的行为表现与心理感受，进而为设计提供精准的数据支持和设计灵感。通过这些研究方法的应用，环境行为学不仅提升了设计的科学性和合理性，还增强了设计的针对性和实效性。

在实践成果方面，环境行为学在城市规划、建筑学等领域的应用已经取得了显著的成效。例如，在城市规划中，通过运用环境行为学的理论与方法，可以优化公共空间布局、提升城市环境质量、增强城市活力与吸引力；在建筑设计中，可以创造出更加符合人类行为习性的建筑空间，提高建筑的使用效率与舒适度。这些实践成果不仅改善了人们的居住环境，还提升了城市的整体形象与竞争力。

对于居住区坐憩环境而言，环境行为学的运用同样具有重要意义。从环境行为学的角度去研究居住区坐憩环境，设计师可以更加深入地了解使用者的心理需求、行为习性等特征，从而设计出更加符合人们实际需求的坐憩空间。同时，关注坐憩环境的居民使用情况也是至关重要的，这有助于设计师及时发现并解决设计中存在的问题与不足，进而不断优化设计方案，提升坐憩环境的使用体验与满意度。

总之，环境行为学在城市规划、建筑学等设计领域的运用所取得的理论思想、研究方法及实践成果，为居住区坐憩环境的创新设计提供了坚实的研究基础与理论支持。这些成果不仅有助于环境行为学在更多的领域深入拓展，还有助于设计师更深入地了解使用者的需求与特征，从而创造出更加人性化、舒适宜人的坐憩环境。同时，这也是当代多学科开放体系中相互渗透、相互融合的必然结果，其为设计领域的发展注入了新的活力与动力。

2.4　本章小结

本章对环境行为学的理论精髓进行了深刻而全面的剖析，从三个核心维度——综合性、应用性、两重性出发，对该理论的特点进行了系统归纳与总结。首先，环境行为学的综合性体现在它跨越了自然科学与社会科学的界限，融合了心理学、社会学、生态学、建筑学等多学科的知识体系，形成了独具特色的跨学科研究框架。这种综合性的特点使得环境行为学能够全面审视人与环境之间的复杂关系，为设计实践提供多元化的视角和深入的理论支撑。

随后，本章将视线转向了新时代背景下的设计趋势，特别强调了以人为核心的设计理念。在这一趋势下，环境行为学的应用优势愈发凸显。它不仅能够帮助设计师更加精准地把握使用者的心理需求和行为模式，还能引导设计实践从单纯的物质空间构建转向更加注重人文关怀和情感体验的空间营造。这种转变不仅提升了设计作品的品质与内涵，也更好地满足了人民对美好生活的向往与追求。

针对当前我国居住区坐憩环境建设中普遍存在的忽视居民行为需求的问题，本章提出了基于环境行为学的居住区坐憩环境设计研究新视角。这一新视角强调从使用者的角度出发，深入探究他们在坐憩环境中的行为规律、心理感受及与环境的互动关系。通过环境行为学的理论指导，设计师可以更加科学地规划坐憩空间的布局、优化设施配置、营造舒适宜人的氛围，从而满足居民多样化的需求与期待。

为了进一步阐述环境行为学理论在城市居住区坐憩环境设计中的引入意义，本章还对环境行为学引入该领域的必要性和可行性进行了深入分析。从必要性来看，随着城市化进程的加快和居民生活水平的提高，人们对居住环境的要求也越来越高。传统的坐憩环境设计往往忽视了使用者的实际需求与感受，导致空间利用率低、舒适度差等问题频发。而环境行为学的引入能够有效解决这些问题，提升坐憩环境的整体品质。从可行性来看，环境行为学已经具备了一套相对成熟的理论体系和研究方法，且在城市规划、建筑学等领域的应用实践中积累了丰富的经验。这些资源和成果为环境行为学在居住区坐憩环境设计中的应用提供了有力的支持。

综上所述，本章通过归纳总结环境行为学的理论特点、分析新时代背景下的设计趋势、提出基于环境行为学的居住区坐憩环境设计研究新视角、阐述其引入意义与可行性分析，最终确定了环境行为学在研究居住区坐憩环境时的独特视角。这一视角不仅为设计实践提供了新的思路和方法，也为推动我国居住区环境建设向更加人性化、科学化的方向发展贡献了力量。

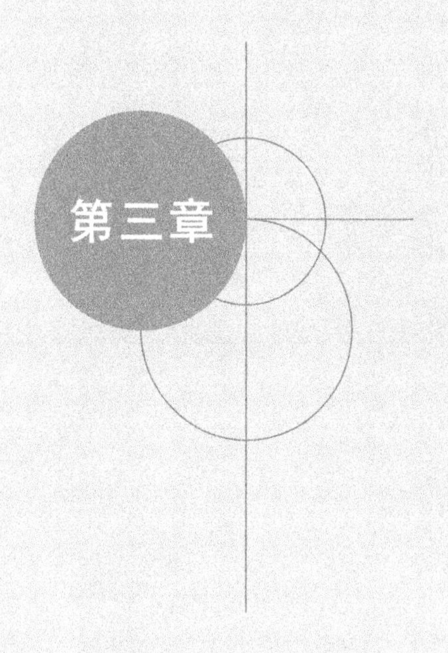

长沙市居住区坐憩环境行为分析

3.1　长沙市居住区坐憩环境分析

3.1.1　长沙市居住区坐憩环境对比

本书以长沙市居住区坐憩环境为研究对象，旨在通过深入的调查研究，全面剖析其坐憩系统的完善程度、环境质量的优劣及居民对坐憩环境的满意度，进而为提升我国城市居住区坐憩环境设计水平提供实证依据与理论参考。

长沙市作为一座历史悠久且现代化进程迅速的城市，其居住区坐憩环境的发展状况在一定程度上反映了国内同类城市在这一领域的普遍面貌。

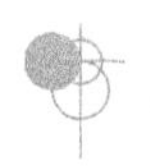

在选择案例阶段，本书充分考虑了长沙市居住区的多样性特征，不仅关注各居住区的开发建设时间(反映了历史变迁与规划理念的演变)，还涵盖了不同规模(从大型社区到中等规模住宅区)、容积率(影响空间密度与舒适度)、周边环境(如自然景观、城市配套等)及户外环境空间组织(如景观布局、步道规划等)等多维度因素。对这些因素的综合考量，确保了所选案例能够全面反映长沙市居住区坐憩环境的整体状况及差异性。

具体而言，本书选取了上海城居住区、中隆国际御玺居住区、中城丽景香山居住区、第六都居住区作为典型案例进行详细调查研究(图3-1)。这些居住区各具特色，有的以高品质生活体验著称，有的则以独特的景观设计或便捷的周边配套吸引居民。通过实地调研，我们深入了解了各居住区的坐憩环境布局、设施配置、绿化景观等具体情况；同时，采用访谈和问卷调查的方式，广泛收集了居民对于坐憩环境的使用体验、满意度及改进建议等一手资料。

在数据分析与对比阶段，本书首先从坐憩环境的区位及周边景观环境入手，分析了不同居住区如何利用自然资源与城市景观创造宜人的坐憩空间。然后聚焦于坐憩环境的构成要素，如座椅设计、遮阳设施、照明系统、绿化植物等，评估其对人体舒适度与视觉感受的影响。接着通过观察居民活动情况，如日常休闲、社交互动、儿童游乐等，揭示了坐憩环境在促进社区活力与居民交流方面的重要作用(表3-1)。最后，

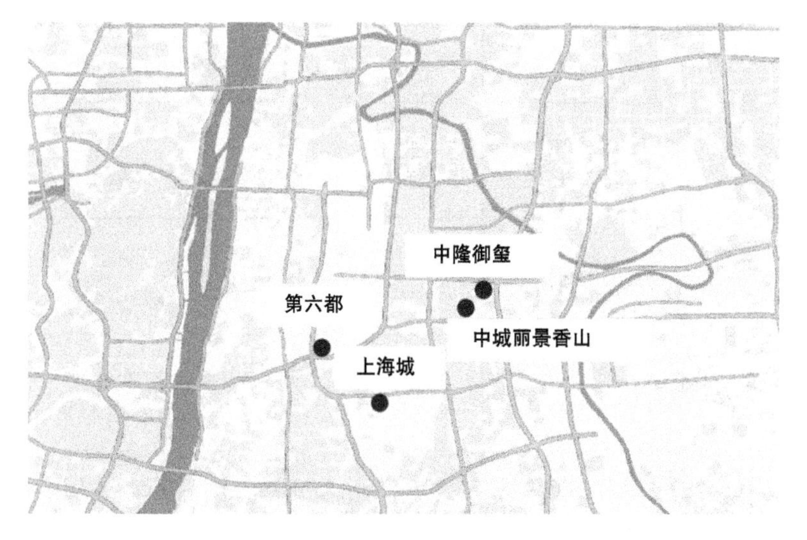

图 3-1　调研居住区区位分布

结合环境使用情况和使用评价，综合评估了各居住区坐憩环境的整体效能与居民满意度，并提炼出成功的经验与待改进之处。

通过此次调查研究，我们不仅对长沙市居住区坐憩环境的现状有了更加全面、深入的认识，也为未来居住区坐憩环境的设计与优化提供了宝贵的实践参考与理论支持。同时，本书也展示了环境行为学在城市规划与建筑设计中的实际应用价值，强调了以人为本的设计理念在提升居民生活质量方面的重要性。

表 3-1 居住区主要坐憩环境对比

坐憩环境	上海城	中隆国际御玺	中城丽景香山	第六都
小区区位	二环内，韶山南路	二环内，古曲南路	二环内，万家丽路	二环内，芙蓉中路
坐憩空间特点	半封闭	半封闭，私密性强	空间开敞	空间开敞，视觉中心突出
坐憩景观	多样的景观层次	丰富的绿化景观	景观植被较稀疏	多宽阔草地景观
坐憩设施	组团空间大量坐憩设施	大量坐憩设施	少量坐憩设施	架空层大量坐憩设施
主要坐憩活动	以中老年为主的娱乐坐憩活动	赏景、聊天坐憩活动	以儿童为主的坐憩活动	以儿童为主的坐憩活动
活动总人数(工作日)/人	3000	4000	5000	2000
坐憩活动人数占活动总人数比例/%	31	24	40	22
主要活动人群	儿童、老年人	儿童、中年人	儿童、中年人、老年人	儿童、老年人

续表3-1

坐憩环境	上海城	中隆国际御玺	中城丽景香山	第六都
活动持续时间	>1 小时	<30 分钟	>1 小时	>30 分钟
活动时段	全天较为频繁	下午和傍晚	全天较为频繁	上午和下午
使用痕迹	设施有磨损痕迹	设施有生锈痕迹	设施有磨损痕迹	设施较新
不当行为	践踏植被、坐憩环境内停车	无	践踏植被	无
使用状况评价	良好	良好	一般	一般

3.1.2　坐憩环境中促进居民活动发生的因素

(1)良好的区位条件及坐憩设施的支持

在深入探究长沙市各居住区的坐憩环境时，我们不难发现，这些精心设计的休憩空间大多巧妙地布局于社区的相对中心位置，这一布局策略显著提升了空间的可达性与便捷性，确保了各楼宇的居民无论身处何地，都能较为轻松地步行至坐憩区域，享受片刻的宁静与放松。这种中心化的布局不仅强

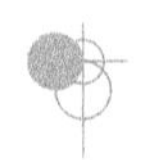

化了社区的核心凝聚力，也促进了邻里间的交流与互动。

从坐憩环境的功能结构来看，各个居住区的核心组团均融入了精心设计的坐憩环境，它们不仅仅是简单的休息空间，更是集多功能于一体的社区活动中心。这些坐憩区域往往被巧妙地嵌在绿意盎然的景观之中，周边环绕着丰富多样的服务配套设施，如色彩斑斓的儿童游乐设施、功能齐全的健身器材、便于居民日常休闲的步道系统等。这些设施的存在，不仅丰富了坐憩环境的功能层次，也为不同年龄段的居民提供了多样化的活动选择，使得坐憩空间成为一个充满活力与温情的社区公共空间。

由于坐憩环境集散步、休闲、娱乐等多种功能于一体，且地理位置优越，自然吸引了大量居民前来聚集。在人流量较大的时段，这些区域往往热闹非凡，居民们或悠闲地散步聊天，或欢快地陪伴孩子嬉戏玩耍，或专注地进行体育锻炼，共同编织出一幅幅生动和谐的社区生活画卷。这种高频次的使用不仅体现了居民对坐憩环境的高度认可与依赖，也进一步证明了其设计的成功与合理性。

总之，长沙市各居住区的坐憩环境以其中心化的布局、丰富的功能结构及高效的使用效率，成为社区居民日常生活中不可或缺的重要组成部分。它们不仅为居民提供了舒适的休息与娱乐场所，还在无形中促进了社区文化的形成与传承，增强了居民的归属感与幸福感。

(2)良好的空间边界

良好的空间围合性在构建居民坐憩环境时扮演着至关重要的角色。它不仅关乎物理空间的布局与划分，还深刻地影响着居民的心理感受与行为模式。这种围合性巧妙地平衡了私密性与开放性，促使居民对这一特定区域产生强烈的认同感和领域感，仿佛是他们日常生活中不可或缺的一部分。

以中隆国际御玺和上海城等高品质社区为例，它们巧妙地运用了半开敞的绿化带设计来界定坐憩环境的边界。这种设计策略既保留了空间的开放性，让居民在享受自然美景的同时，也能感受到与外界环境的微妙联系，视觉与感官上均不至于感到压抑或闭塞。绿化带的存在不仅美化了环境，还起到了自然屏障的作用，为坐憩区域提供了一定的私密性，使得居民能够更加安心、自由地在这片区域内进行各类休闲活动，如阅读、交谈或简单小憩。

此外，这些社区还注重打造宽敞、可进入的开敞空间，以及铺设大面积的硬质地面，这样的设计极大地提升了空间的灵活性和实用性。对于儿童而言，开阔的场地意味着更多的游戏空间和探索机会，他们可以自由地奔跑、嬉戏，享受童年的乐趣；而对于中老年人而言，这样的空间是他们进行集体活动、交流情感的理想场所，无论是晨练、打太极还是跳广场舞的人，都能在这里找到合适的舞台。

更重要的是，这样的空间布局鼓励了居民之间的交流与互动，促进了社区文化的形成与发展。居民在这些精心设计的坐憩环境中，不仅享受到了个人的宁静与放松，也体会到了作为社区一员的归属感和幸福感。这种正面的情感体验进一步强化了他们对社区环境的认同感，激发了他们参与社区建设、维护社区和谐的积极性。

综上所述，良好的空间围合性通过巧妙的设计手法，不仅提升了坐憩环境的物理品质，还在心理层面为居民带来了积极的影响，促进了社区的和谐与发展。

(3)丰富的景观元素和标志性的视觉中心

第六都居住区通过精心设计的景观元素，构建出既富有自然韵味又充满人文关怀的休闲空间。其景观元素丰富多样，每一处都透露着设计者的匠心，营造出令人心旷神怡的坐憩环境。

绿化植物作为景观的基底，不仅美化了环境，还提供了清新的空气和宜人的微气候。四季更迭中，不同的植物展现出各自独特的色彩与形态，为居民带来视觉上的享受和心灵上的慰藉。树木的郁郁葱葱、花卉的绚烂多彩，都让人仿佛置身于大自然之中，忘却尘嚣，享受片刻的宁静与美好。

人工湖与人工喷泉的巧妙结合，为坐憩环境增添了几分灵动与生机。湖水清澈见底，倒映着蓝天白云和周围的景致，宛如一幅动人的画卷。喷泉随着音乐的节奏跳跃起舞，水珠四溅，带来丝丝凉意和欢乐的气氛。居民们常常被这些景象吸引，儿童围绕着湖边嬉戏玩耍，老年人静静地坐在长椅上欣赏这份宁静与美好。

壁画与陶罐作为文化元素，不仅丰富了景观的层次，还赋予了坐憩环境更多的文化内涵。壁画以其独特的艺术形式和深刻的主题，讲述着故事，传递着情感，让居民在欣赏美景的同时，也能感受到文化的熏陶和洗礼。而陶罐则以其古朴的造型和质感，与自然环境和谐共生，增添了几分田园风情。

假山作为中国传统园林中的经典元素，在这里也得到了巧妙的运用。它们或独立成景，或与其他景观元素相互呼应，营造出一种"虽由人作，宛自天开"的意境。居民们在假山中穿梭、攀爬，体验着自然的乐趣和探险的刺激。

第六都居住区的坐憩环境通过多样化的景观元素和巧妙的布局设计，成功地打造了一个既美观又实用的休闲空间。它不仅满足了居民们观景、游玩的需求，还在潜移默化中促进了社区文化的形成和发展，增强了居民们对社区的认同感和归属感。

而中隆国际御玺的湖作为整个居住区的标志性景观，成了居民们心中的一片胜地。它不仅具有极高的观赏性，还是整个坐憩环境及活动空间的中心。居民们在湖边坐憩时，能够感受到一种强烈的向心感，仿佛整个社区都围绕着这片湖水而展开。湖面上的波光粼粼、倒映的景致，以及偶尔掠过的水鸟，都成了居民们观景的视觉中心，让人流连忘返。

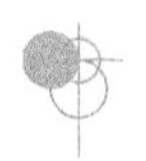

(4)为儿童和老年人提供充足、人性化的坐憩设施

在居住区的坐憩环境中，儿童和老年人作为两大主要使用者群体，他们的活动需求与偏好直接影响着坐憩设施的设计与配置。为了确保坐憩活动的丰富性与持续性，构建一个既满足儿童探索与游戏天性又兼顾老年人休憩与交流需求的坐憩环境显得尤为重要。以上海城的儿童游乐场为例，这一区域精心规划了多样化的游戏设施，从滑梯、秋千、沙坑到攀爬架，每一种设施都旨在激发儿童的想象力与身体活动能力，让他们在安全的环境中尽情释放活力。更为贴心的是，游乐场周边还设置了充足的休憩与交往空间，如舒适的座椅、遮阳伞，以及便于家长交流的休闲区。这样的设计不仅让陪伴孩子的家长能够轻松等待，还促进了邻里间的互动与友谊，使得游乐场成为坐憩活动中最为集中和频繁的区域。而中城丽景香山的架空层设计，则展示了另一种坐憩环境的典范。这里的坐憩设施既完整又丰富，从简约的木质长椅到舒适的沙发，再到配备有充电插座和阅读灯的独立休息区，每一处都体现了对居民需求的细致考量。架空层的开放式布局，既保证了良好的通风与采光，又避免了恶劣天气对坐憩活动的影响。大量且分布合理的坐憩设施，吸引了不同年龄段的居民前来聚集，无论是晨间的阅读时光、午后的茶话会，还是傍晚的亲子游戏，这里都能成为他们理想的休闲场所。综上所述，针对儿童和老年人的活动特点与需求，合理配置坐憩设施是促进居住区坐憩活

动发生的关键。通过提供多样化的游戏设施与舒适的休憩空间，不仅能够丰富居民的日常生活，还能增强社区凝聚力，营造出一个和谐、温馨的居住环境。

(5)无机动车干扰

与上海城步行道系统可能面临的复杂交通状况相比，中城丽景香山、第六都及中隆国际御玺这三个居住区在坐憩环境的设计上展现出了更为显著的优势，主要体现在完整性、独立性及对机动车干扰的有效隔离上。

这三个居住区深刻认识到居民对静谧、安全坐憩空间的需求，因此在规划之初就致力于打造一个与机动车道明确分隔的步行与坐憩区域。中城丽景香山的坐憩环境设计尤其值得称道，其通过精心布局的绿化带、景观小品及合理的道路规划，有效地隔绝了机动车的噪声与尾气污染，为居民提供了一个清新、宁静的室外休闲空间。在这样的环境中，坐憩设施得以充分发挥其应有的功能，无论是晨练的老年人、午后小憩的上班族，还是嬉戏玩耍的孩童，都能找到一片属于自己的天地，享受悠闲的时光。

第六都居住区同样注重坐憩环境的营造与维护，其通过科学的人车分流设计，确保了步行道与机动车道的独立性，从而避免了机动车对坐憩环境的侵扰。在这样的布局下，道路周边的坐憩环境得到了良好的保护，不仅减少了灰尘与噪声的干扰，还提升了居民的使用体验。居民们可以在此自由交流、

放松身心，感受到社区生活的和谐与美好。

中隆国际御玺居住区同样不遑多让，其坐憩环境的设计充分考虑了居民的需求与感受。通过合理的空间划分与景观设计，该居住区成功地将机动车道与步行道及坐憩区域有效隔离，为居民创造了一个安全、舒适的休闲环境。在这里，居民们可以尽情享受大自然的恩赐，感受阳光、微风与绿意的包围，让心灵得到真正的放松与净化。

综上所述，中城丽景香山、第六都和中隆国际御玺这三个居住区的坐憩环境相对完整且使用状况良好，很大程度上得益于它们对机动车干扰的有效隔离与规避。这种以人为本的设计理念不仅提升了居民的生活质量，也彰显了现代居住区规划的智慧与人文关怀。

3.1.3 坐憩环境中阻碍居民活动发生的因素

(1)较差的可达性

上海城一期东北方向的边缘，隐藏着一处独特的树阵广场，其下的坐憩环境宛如一片静谧的绿洲，为忙碌的社区居民提供了一方休憩的净土。然而，这处树阵广场的可达性却成了影响其使用频率的一个重要因素。

由于设计上的考量，周围楼宇并未直接面向树阵广场设置人行出入口，这意味着居民若想抵达这片宁静之地，往往需要经过一段不短的绕行路程。这样的布局无形中为居民的坐憩活动增加了一丝不便，尤其是在炎炎夏日或寒冷冬日，这段绕行之路可能更加考验人的耐心与毅力。

更为关键的是，通往树阵广场的道路设计相对单一，仅有一条主要路径可供选择。这样的设计虽然在一定程度上简化了交通流线，但也限制了居民的出行灵活性。当这条道路出现拥堵或维修时，居民前往树阵广场的便利性将大打折扣。

此外，地理位置的偏远也是导致居住在上海城西侧的居民较少选择此处坐憩的一个重要原因。对于这部分居民而言，树阵广场的距离相对较远，加之缺乏便捷的直达路径，使得他们更倾向于选择离家更近、更易到达的休闲场所。

综上所述，上海城一期东北方向边缘的树阵广场坐憩环境虽然在景观设计与环境营造上独具匠心，但其在可达性方面却存在一定的局限性。这种局限性不仅影响了居民的使用频率，也在一定程度上削弱了该区域作为社区公共空间的吸引力和活力。为了提升树阵广场的利用率和居民满意度，未来或许可以通过增设人行通道、优化道路布局等方式来增强其可达性和便捷性。

(2)较大的机动车交通流量与路边停车

上海城，这座繁华的都市社区，其主要道路承载着繁忙的交通流量，成为连接社区内外的重要纽带。然而，随着私家车数量的激增，道路交通压力日益加剧，而该区域并未全面实行人车分流的设计，这导致了一个显著的问题：居民的日常坐憩活动与机动车的通行与停放之间存在着显著的冲突。

在繁忙的道路交叉口，车辆与行人的交织行进构成了复杂的交通状况。每当信号灯变换，行人与车辆竞相通过，不仅增加了安全隐患，也使得原本可以用于休闲的街角空间变得紧张而嘈杂。而对于那些紧邻道路的居民楼，其周边的坐憩环境更是深受其害。居民们渴望在闲暇时享受片刻的宁静与放松，但车辆的频繁经过及不时传来的喇叭声，无情地打破了这份宁静，让坐憩活动变得不再那么惬意。

更为严重的是，小汽车所带来的空气污染与噪声污染问题，已经对上海城的居住环境构成了严峻挑战。尾气排放中的有害物质不仅危害着居民的身体健康，还加剧了城市的热岛效应；而车辆行驶时产生的噪声，则长期侵扰着居民的生活，影响了他们的休息与睡眠质量。

路边停车，作为上海城主要的停车方式之一，其弊端也日益凸显。在大多数路段，单侧或双侧的路边停车几乎成为常态，这些车辆不仅占据了宝贵的道路用地，还严重阻碍了交通的顺畅通行。在高峰时段，这些停车区域往往成为交通堵塞的“重灾区”，使得原本就紧张的道路交通状况更加雪上加霜。

更为令人遗憾的是，路边停车还直接破坏了道路周边的坐憩空间。原本可以供居民休闲、交流的区域，被一辆辆私家车所占据，使得这些空间失去了原有的功能与美感。居民们无法在舒适的环境中享受坐憩的乐趣，只能无奈地望着这些“不速之客”，心中充满了无奈与不满。

综上所述，上海城主要道路的人车混行、交通拥堵、空气污染、噪声侵扰及路边停车对坐憩空间的侵占等问题，已经对居民的日常生活与居住环境造成了严重的影响。为了改善这一状况，相关部门应积极采取措施，加强交通管理、推广绿色出行、优化停车规划等，努力为居民营造一个更加安全、舒适、和谐的居住环境。

(3)单调的坐憩景观及设施

中城丽景香山的坐憩环境设计，在一定程度上确实展现了其对自然绿化的重视与追求，整个区域以单一的绿化景观为主导，营造出一种清新宜人的自然环境。这种设计无疑为居民提供了一个远离尘嚣、亲近自然的休憩场所，使得人们在忙碌的生活之余，能够在这片绿意盎然中找到片刻的宁静与放松。

然而，正是这种对绿化景观的过度依赖，使得中城丽景香山的坐憩环境在吸引力和功能性上显得相对单一。与邻近的中隆国际御玺相比，中城丽景香山的坐憩环境在景观丰富度和设施多样性方面略显不足。中隆国际御玺的坐憩环境展现了更为灵活多变的布局与设计，尤其是其湖边坐憩区域，通过精心打造的景观与完善的设施配置，成功地吸引了大量居民前来聚集与交流。

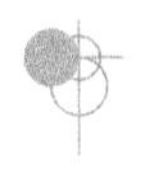

湖边坐憩环境之所以备受欢迎，一方面得益于其得天独厚的地理位置与自然风光，湖面波光粼粼，倒映着周围的景致，为居民提供了一个视觉上的享受；另一方面则是因为该区域在景观与设施上的双重优势。湖边不仅种植了多样化的植物，还设置了舒适的座椅、遮阳伞、垃圾桶等便民设施，同时，一些区域还配备了儿童游乐设施和健身器材，满足了不同年龄段居民的需求。这种综合性的设计使得湖边坐憩环境成为一个集休闲、娱乐、健身于一体的多功能空间。

相比之下，中城丽景香山的入户空间则显得相对单调乏味。这些空间往往只是简单地进行了绿化处理，缺乏足够的景观亮点和设施配置，难以激发居民的参与热情和使用欲望。因此，在这些区域进行坐憩活动的居民数量相对较少。

综上所述，我们可以得出这样一个结论：优美的植物绿化虽然能够为居民提供舒适的景观环境，但仅仅依靠绿化是不足以满足居民全部的坐憩需求的。一个优秀的坐憩环境应该具备多样化的景观元素、完善的设施配置及合理的空间布局，只有这样才能真正吸引居民前来使用并享受其中带来的乐趣与便利。

(4)缺乏物业公司管理

中城丽景香山的坐憩环境，在营造自然与宁静的居住氛围上确实有其独到之处，然而，在设施使用与管理维护方面却存在着不容忽视的短板。这些短板不仅影响了坐憩环境的整体美观与舒适度，还在一定程度上抑制了居民在此开展坐憩活动的积极性。

首先，物业管理公司在设施使用与管理方面的提示、标识缺失，是一个亟待解决的问题。在公共区域，特别是坐憩环境中，合理地使用提示、标识能够引导居民正确、文明地使用设施，减少因不当使用而造成的损坏。然而，在中城丽景香山，这样的提示似乎并不多见，导致部分居民对设施的使用缺乏必要的了解和尊重，加速了设施的磨损与老化。

其次，坐憩设施的维护与修复工作相对滞后，也是造成坐憩环境品质下降的重要原因之一。随着时间的推移，坐憩设施难免会受到自然因素（如风吹雨打）和人为因素（如不当使用）的影响而出现损坏。如果物业管理公司不能及时对这些设施进行维护与修复，那么这些损坏就会逐渐累积，最终影响到坐憩环境的整体品质。在中城丽景香山，我们不难发现，一些坐憩设施已经出现了生锈、松动等问题，而这些问题却没有得到及时的解决，这无疑会降低居民对这些区域的好感度和使用率。

最后，植物生长过于茂盛也是中城丽景香山坐憩环境中的一个突出问题。虽然绿化是提升居住环境品质的重要手段之一，但过度生长的植物却可能带来一系列的问题。比如，茂盛的灌木和藤蔓可能会遮挡视线、影响通风采光，甚至破坏坐憩设施的结构安全。同时，过度生长的植物还可能成为蚊虫滋

生的温床，对居民的健康构成潜在威胁。然而，在中城丽景香山的部分坐憩区域，我们却看到了这样的现象：植物生长得过于茂盛，而物业管理公司未能及时进行有效的修剪和管理。

综上所述，中城丽景香山的坐憩环境在设施使用、管理、维护、修复以及绿化管理等方面都存在一定的问题。这些问题不仅影响了坐憩环境的整体品质与舒适度，也抑制了居民在此开展坐憩活动的积极性。因此，物业管理公司应当加强对坐憩环境的管理与维护工作，通过增设使用提示、加强设施维护与修复、优化绿化管理等方式来提升坐憩环境的品质与吸引力。

3.2　居民坐憩行为分析

3.2.1　居民坐憩活动类型

居民的行为活动是一个多维度、复杂且相互交织的体系，它深受社会、经济、文化、道德、生理、心理、习惯及气候等多方面因素的影响。这些因素共同作用，塑造了居民在日常生活中的行为模式，特别是在坐憩活动这一具体场景中，更是体现得淋漓尽致。

坐憩活动作为居民日常生活的重要组成部分，不仅是身体休息与放松的需要，也是社交互动、情感交流、心理调适的重要途径。不同年龄、职业的居民，在坐憩活动中展现出截然不同的活动内容、方式、时间偏好及持续时长。例如，老年人可能更倾向于在清晨或傍晚，于社区公园或广场进行晨练、下棋、聊天等休闲活动，他们对坐憩空间的要求往往侧重于舒适、安全及良好的社交氛围；而年轻人则可能更偏好在傍晚或夜晚，选择咖啡厅、酒吧等场所进行聚会、交流，他们追求的是时尚、便捷且富有创意的坐憩环境。

此外，居民的心理状态也是影响坐憩行为的重要因素。不同的心理状态会引导居民选择不同的坐憩方式和场所。例如，在心情愉悦时，人们可能更愿意选择开放、明亮的户外空间进行活动；而在疲惫或需要独处时，则更倾向于寻找安静、私密的空间进行休息。

基于上述分析，对坐憩行为的分类可以从多个角度进行，但本书主要以坐憩活动的目的为出发点，结合环境行为的本质来进行划分（表 3–2）。这种分类方式有助于我们更深入地理解居民在坐憩活动中的行为模式和心理需求，从而为坐憩环境的设计提供更为精准的指导。

表 3–2　居住区坐憩行为的分类

分类依据	活动类型
活动场所	架空层活动、宅间活动、组团活动、广场活动
参与人数	个人活动、小众活动、群体活动
行为属性	体育性活动、娱乐性活动、文化性活动、研究性活动、自然性活动

续表3-2

分类依据	活动类型
居民年龄	儿童活动、青少年活动、成年活动、中老年活动
行为目的	必要性活动、自发性活动、社会性活动

在设计坐憩环境、提炼设计原则时务必充分考虑对居民不同行为心理的引导。具体而言，设计应遵循以下几个方面的原则：一是以人为本，充分考虑不同年龄段、职业背景及心理状态的居民需求，创造多样化的坐憩空间；二是注重环境的整体性和协调性，确保坐憩空间与周边环境相融合，形成和谐的景观效果；三是强调功能性与舒适性的统一，既要满足居民的基本坐憩需求，又要注重提升空间的舒适度和使用便利性；四是关注文化性与地域性的表达，通过设计元素和符号的运用，体现地方特色和文化内涵。

综上所述，对居民坐憩行为特征的深入理解，是提升坐憩环境设计质量的关键。通过科学合理的分类与分析，结合对居民行为心理的细致考量，我们可以创造出更加人性化、舒适且富有魅力的坐憩空间，满足居民多样化的生活需求。

丹麦建筑师、城市设计专家扬·盖尔在其著作《交往与空间》中曾指出，人们的户外活动在不同程度上都要受到物质环境的影响。根据扬·盖尔的理论，居住区坐憩环境与居民坐憩行为之间的相关模式可以分为三大类型：必要性坐憩活动、自发性坐憩活动和社会性坐憩活动，每一种活动类型对于坐憩环境的要求都大不相同。

(1)必要性坐憩活动

必要性坐憩活动，作为居民日常生活中不可或缺的一部分，其必要性体现在多种情境下居民不得不参与其中，如小区楼下等待家人归来、大门口候车等场景。这类活动往往带有一定的强制性，不以个人的主观意愿为转移，而是由外界条件或日常安排所驱动。因此，从表面来看，坐憩环境的优劣似乎对这类活动的发生频率影响不大，毕竟只要有一个可供坐下的地方，居民便会自然而然地利用起来。然而，深入剖析，我们不难发现坐憩环境的质量实际上在微妙地影响着居民的体验与选择。

首先，尽管必要性坐憩活动的发生具有一定的不可避免性，但居民在进行这些活动时，对环境便利性、安全性及视线条件等基本要求的敏感度却异常高。一个布局合理、视野开阔、安全舒适的坐憩环境，能够显著提升居民在等待过程中的舒适度与满意度，减轻因等待而产生的焦虑与不耐烦情绪。相反，若坐憩环境设计不合理，如位置偏僻、视线受阻、存在安全隐患等，居民在进行必要性坐憩活动时便会感到诸多不便，甚至可能因此放弃在该区域进行坐憩，转而选择其他更为便捷或安全的方式。

其次，坐憩环境的布局、位置合理性对必要性坐憩活动的发生概率具有重要影响。合理的布局能够确保居民在需要时能够轻松找到坐憩空间，从而提高这些活动的发生频率。例如，将坐憩设施设置在小区入口、公共活动区域或交通节点附近，可以方便居民在等待家人、朋友或乘车时使用。反之，若坐憩设施布局过于零散或远离主要活动区域，居民在需要时可能因寻找不到而放弃，从而降低了必要性坐憩活动的发生概率。

综上所述，虽然必要性坐憩活动的发生具有一定的强制性，但坐憩环境的质量及布局合理性在无形中影响着居民的体验与选择。因此，在居住区规划与设计中，应充分重视坐憩环境的营造与优化，通过科学合理的布局与人性化的设计，为居民提供一个舒适、便捷、安全的坐憩空间，以满足其日常生活中的基本需求与心理期待。必要性坐憩环境如图3-2所示。

图3-2　必要性坐憩环境

图片来源：百度

(2) 自发性坐憩活动

自发性坐憩活动，亦被部分文献称为选择性坐憩活动，是居民在特定环境条件下自发产生的一种行为模式，其发生与否直接与外部环境的舒适度、吸引力有关。这类活动并非日常生活的刚性需求，而是居民在拥有闲暇时间且外部环境足够诱人时主动选择进行的一种休闲方式。因此，自发性坐憩活动的发生具有高度的灵活性和选择性，它要求户外环境必须达到一定的舒适标准，如温度适宜、空气清新、景色宜人等，同时，居民也需具备参与的主观意愿，以及时间与地点的恰当匹配。

具体而言，自发性坐憩活动涵盖了多种形式，如静坐观望、悠然休息、享受阳光沐浴、细心照看孩子、沉浸于自然美景之中、呼吸新鲜空气等。这些活动无不体现了居民对生活品质的追求与享受，是居民对美好生活环境的积极回应。然而，值得注意的是，这些活动并非随时随地都能发生，它们的发生概率高度依赖于坐憩环境的优劣。只有当居住区坐憩环境达到了一定的质量标准，如提供舒适的座椅、良好的遮阳设施、开阔的视野、安全和谐的氛围时，才能有效激发居民的自发性坐憩行为。

进一步而言，自发性坐憩活动在居住区休闲娱乐活动中占据着举足轻重的地位。大部分适宜于户外的休闲娱乐活动，如家庭聚会、朋友闲聊、个人阅读、轻度锻炼等，都属于这一范畴。这些活动的发生不仅丰富了居民的日常生活，提升了居住区的活力与魅力，还促进了邻里之间的交流与互动，增强了社区的凝聚力与归属感。因此，优化居住区坐憩环境，提升其对居民的吸引力与舒适度，对于促进自发性坐憩活动的发生、丰富居民休闲生活、构建和谐社区具有重要意义。

综上所述，自发性坐憩活动作为居民主动选择的一种休闲方式，其发生与否，与居住区坐憩环境的优劣密切相关。优化坐憩环境，打造宜人的休闲空间，是激发居民自发性坐憩行为、提升居住品质的有效途径。

当居住区坐憩环境的质量不尽如人意时，其影响力直接体现在居民的行为模式上。此时，坐憩活动往往局限于必要性范畴，即那些因外界条件或日常安排而不得不进行的活动，如等人、候车等。在这样的环境下，居民往往只是进行短暂的停留，他们的注意力更多地集中在完成这些必要任务上，而非享受坐憩过程本身。一旦任务完成，他们便会匆匆离去，不愿在环境不佳的地方多做停留。这种短暂且被动的坐憩体验，无疑降低了居民对居住区的满意度和归属感。

然而，当居住区坐憩环境品质得到显著提升时，情况则截然不同。首先，必要性坐憩活动的发生概率基本保持稳定后，随着环境品质的提升，居民在这些活动中的体验也得到了质

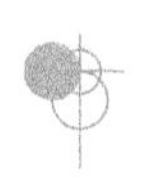

的飞跃。他们不再只是匆匆过客，而是愿意在舒适、宜人的环境中稍做停留，享受片刻的宁静与放松。同时，随着物质条件的改善，如座椅的舒适度提升、遮阳设施的完善、绿化景观的优化等，居民甚至可能延长坐憩时间，将原本短暂的等待转化为一次愉悦的小憩时光，即必要性坐憩活动已转化为自发性坐憩活动。其次，高品质的坐憩环境能够激发居民的自发性坐憩行为。若坐憩环境的布局与设计充分考虑了人的需求与行为模式，如设置便于驻足观赏的景观节点、提供舒适的休息空间、规划适合儿童玩耍的游乐区、配备便捷的餐饮服务等，则这些布局与设计共同构成了充满吸引力的休闲场所。在这样的环境中，居民不再局限于必要性活动，而是会根据自己的兴趣与需求，主动选择进行各种自发性坐憩活动。他们可能会在这里阅读书籍、与亲朋好友聚会聊天、欣赏美景、品味美食，或是简单地享受阳光的沐浴和微风的轻拂。这些活动不仅丰富了居民的日常生活，也促进了邻里之间的交流与互动，增强了社区的凝聚力与活力。

因此，提升居住区坐憩环境的品质，不仅能满足居民的基本需求，而且能提升居民的生活品质与幸福感。一个优质的坐憩环境，能够激发居民的自发性坐憩行为，促进社区文化的繁荣与发展，为居民营造一个更加和谐、宜居的生活空间。自发性坐憩环境如图 3-3 所示。

图 3-3　自发性坐憩环境

图片来源：百度

(3)社会性坐憩活动

社会性坐憩活动是指居民在居住区坐憩环境中有赖于他人参与的各种坐憩活动，比如交谈、交往、娱乐等各类公共活动及其他社会活动。社会性坐憩活动在多数情况下都是由自发性坐憩活动发展而来的连锁性坐憩活动。随着环境条件逐渐变好，进行自发性坐憩活动的人就越多，社会性坐憩活动的可能性就越大。社会性坐憩活动的频繁发生有利于居民有秩序、有组织地联系起来，坐着聊天的同时彼此相互了解和熟悉，有助于增进邻里关系，也有助于防止居住区偷盗、强奸等犯罪事件的发生，对居住区承担起社会责任。社会性坐憩活动

也是居民自身社会属性的一种体现，在坐憩的同时保持与其他居民思想感情的交流，有利于居民的心理与生理健康发展。更多的居民在居住区中坐憩、休息，会促进更多的社会性坐憩活动的发生，这意味着只要改善居住区中必要性坐憩活动和自发性坐憩活动的坐憩环境条件，就会间接地促进社会性坐憩活动的发生①。

社会性坐憩活动，作为居住区生活中不可或缺的组成部分，其多样性体现在活动形式、参与人群及发生场景的广泛变化上。为了充分促进社会性坐憩活动的发生，对居民坐憩行为的生理、心理特点及活动规律进行深入细致的调研工作显得尤为关键。这不仅有助于我们理解居民在不同情境下的需求与偏好，还能为坐憩环境设计提供科学依据，确保坐憩环境能够成为承载多样社会性坐憩活动的理想场所。

值得注意的是，社会性坐憩活动往往与必要性坐憩活动、自发性坐憩活动紧密相连，甚至在某些情况下，它们会相互转化或连锁发生。这种即兴性、偶然性的特点，使得社会性坐憩环境呈现出显著的条件性、机遇性与流动性特征。这意味着，坐憩环境的物质条件和规划布局必须灵活多变，能够迅速响应并适应不同活动的需求，为居民提供丰富的互动机会与空间。

因此，对于设计人员而言，社会性坐憩环境的设计不仅仅

---

① 邓晓明. 汉正街传统街区隙间环境行为研究[D]. 武汉：华中科技大学，2006.

是空间的规划与布置，更是一种对人际交往深度与广度的精心考量。一个高质量的社会性坐憩环境，能够极大地增加居民之间相遇、观察与倾听的机遇，促进邻里之间的交流与理解，为社区营造温馨和谐的氛围。在这样的环境中，居民不仅能够享受到坐憩的舒适与惬意，还能在不经意间建立起深厚的情感联系，形成紧密的社区共同体。

为了实现这一目标，设计人员需要综合考虑多个方面的因素。首先，要深入了解居民的坐憩行为习惯与心理需求，确保设计能够贴合实际使用情况。其次，要注重坐憩环境的多样性与灵活性，通过设置不同类型、不同功能的坐憩空间，满足不同年龄段、不同兴趣爱好的居民需求。同时，还要注重环境的开放性与包容性，鼓励居民之间的交流与互动。最后，要关注坐憩环境的细节处理，如座椅的舒适度、遮阳设施的完善性、绿化景观的美观性等，这些都将直接影响到居民的使用体验及满意度。

综上所述，社会性坐憩环境的质量对于促进居民之间的深层次交往具有不可估量的价值。设计人员应以高度的责任感与使命感，精心打造高质量的社会性坐憩环境，为居民创造一个更加美好、和谐的居住空间。

3.2.2　居民的坐憩行为心理

本书以环境行为学的相互渗透论为研究依据，居民对坐

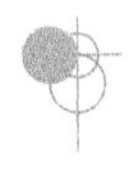

憩环境的影响程度并不局限于对坐憩环境的修正，其还有可能完全改变坐憩环境的意义和性质。在居住区中与居民行为习惯相违背的坐憩环境往往遭到冷落或破坏，造成社会资源的较大浪费。而符合居民行为习惯的坐憩环境使居民的某些行为产生了与环境相适应的特征。在长期的坐憩活动中，由于与坐憩环境的交互作用，居民逐步形成许多与坐憩环境相适应的行为心理①。

①便捷性：指居民在前往坐憩环境时或在坐憩环境中等待目标出现时，总是倾向选择离目标最短的路程的那个坐憩环境。

②从众性：人们都有从众心理。如居民会跟随邻里的选择，总是喜欢向着人多的坐憩环境聚集。

③习惯性：经过一定时间的选择使用，居民会喜欢走平时常走的路，选择平时习惯的坐憩环境。

④舒适性：居民在坐憩活动中总是选择感受比较舒适的坐憩环境或选择通往坐憩环境比较舒适的那条路，如冬季喜欢向阳的坐憩环境、夏季喜欢遮阳的坐憩环境、阴雨天喜欢遮风避雨的坐憩环境等。

⑤视觉引导性：居民喜欢选择视线通透、可以清晰看见周边环境或能清晰观察目标活动的坐憩环境，而抗拒选择看不

---

① 崔木扬，张惬寅.略论环境行为对公共景观设计的影响[J].三峡大学学报(人文社会科学版)，2007，29(S1)：143-144.

见、未知的坐憩环境。

⑥场所限定性：坐憩环境对居民行为作用最明显的特征就是限定了居民活动的选择，提供的只是唯一的选择。

3.2.3　活动类型与行为心理的相关性分析

在对长沙市居住区坐憩环境进行的调查研究中，我们还采取了问卷调查的方式。发放了调查问卷后，我们共回收有效问卷52份，填写问卷的人有长期使用小区坐憩环境的固定住户、偶尔使用小区坐憩环境的周边居民及短期居住户。在数据处理过程中首先对问卷中的调查选项进行赋值，然后用SPSS软件对已赋值的数据进行相关性分析。目的是希望通过分析居民对居住区坐憩环境的使用感受来找出哪些行为特征对哪种行为类型起着主导作用，并根据居民的行为需求对不符合居民坐憩行为的坐憩环境提出改善建议。本次所调查的具体行为活动包括等人、候车、观望、休息、晒太阳或乘凉、照看小孩、赏景、娱乐、交往、交谈。具体区域包括架空层空间、宅间空间、组团空间、广场空间等。其中：必要性活动包括等人、候车；自发性活动包括观望、休息、晒太阳或乘凉、照看小孩、赏景；社会性活动包括交谈、娱乐、交往[①]（表3-3）。

---

① 王建武. 基于POE研究的校园开放空间改造性规划：以北京大学为例[J]. 中国园林，2007(5)：77-82.

表 3-3　居民坐憩行为分析

活动类型	活动地点	活动内容	行为心理	活动范围	活动时间	环境与活动发生的相关性
必要性	入户空间、小区出入口	等人、候车	便捷性、视觉引导性、场所限定性	1~5 m	上下班时间	差　好
自发性	架空层空间、宅间空间、组团空间	观望、休息、晒太阳或乘凉、照看小孩、赏景	舒适性、便捷性	2~10 m	闲暇时间都有发生	差　好
社会性	组团空间、广场空间	交谈、娱乐、交往	舒适性、从众性	2~50 m	下午及傍晚	差　好

问卷分别对几种发生频率比较高的活动、活动发生的坐憩环境及选择该环境的原因进行调查，找出不同活动发生的影响因素，并且将这些影响因素进行行为特征的归类。通过软件对各行为心理与各行为属性进行多元相关性分析，从而测定各行为心理与各行为属性之间的相关性(表3-4)。

从收集到的数据中，我们可以清晰地发现必要性坐憩活动中“等人”这一行为模式的独特性质。与自发性坐憩活动和社会性坐憩活动不同，等人的行为在坐憩环境的选择上并未表现出对从众性或舒适性的显著依赖。这一现象深刻反映了必要性坐憩活动的本质特征，即无论外界环境如何变化，只要是为了达到特定的目的(如等待某人)，居民都会毫不犹豫地选择在那里坐下。正如扬·盖尔所精辟阐述的，必要性活动是人们生活中不可或缺的一部分，它们的发生不受个人意愿或环境优劣左右，而是由外部条件或日常安排驱动。

具体到等人这一必要性坐憩活动，其场地选择的行为特征属性尤为突出。数据显示，视觉引导性在场地选择中占据了极其重要的地位，高达89.5%的样本显示出了对视觉引导性的强烈依赖。这意味着，居民在选择等人的地点时，会优先考虑那些能够清晰看到目标人物或车辆进出的位置，以确保不错过任何重要的信息或信号。这种选择不仅体现了居民对效率的追求，也反映了他们在必要性活动中对信息获取的敏感性。

表 3-4　坐憩活动行为属性与行为心理的多元相关性分析

行为心理属性	自发性坐憩活动					社会性坐憩活动			必要性坐憩活动
	观望	休息	晒太阳或乘凉	照看小孩	赏景	交谈	娱乐	交往	等人、候车
便捷性	0.021	0.022	0.048	0.025	0.048	—	0.033	—	0.032
从众性	0.053	—	0.051	—	—	0.035	0.035	0.045	—
舒适性	0.032	0.038	0.035	0.023	0.014	0.031	0.021	0.040	0.051
视觉引导性	0.042	0.057	0.065	0.021	0.064	0.060	—	0.052	0.041
习惯性	0.054	0.061	0.044	—	0.042	—	0.052	—	0.073
场所限定性	0.060	0.053	—	0.083	—	0.051	0.043	0.057	0.045

注：当数值≤0.05 时，坐憩活动行为模型成立；当数值越趋于 0.000 时，显著性越高。

同时，便捷性特征在等人行为中的普遍存在也是不容忽视的。数据显示，所有样本均表现出了对便捷性的需求，即100%的样本在选择等人地点时会考虑其是否便于快速到达或离开。这一特征进一步强调了必要性坐憩行为的目的导向性，居民在进行这类活动时，更加注重的是时间成本的最小化和行动效率的最大化。

在必要性坐憩活动中，等人作为一种典型表现，其场地选择的行为特征属性明确而显著。视觉引导性和便捷性成为居民在选择等人地点时的主要考量因素，而这些因素与坐憩环境的从众性和舒适性并无直接关联。这一现象不仅加深了我们对必要性坐憩活动本质特征的理解，也为居住区坐憩环境的设计提供了有益的启示，即应在满足居民基本需求的基础上进行设计。

在自发性坐憩活动中，坐憩行为发生明显受到坐憩环境舒适性和便捷性的影响，但不同活动的行为属性特征却存在差异。因此，在设计中，我们不仅要注重提升环境的舒适性和便捷性，还要充分考虑不同行为、需求的多样性。通过精准把握居民的心理特征和行为习惯，我们可以创造出更加人性化、多元化的坐憩环境，让居民在享受自然与宁静的同时，也能感受到生活的美好与和谐。

在社会性坐憩活动中，交谈行为的舒适性、从众性的心理特征比较显著；娱乐行为的舒适性、便捷性、从众性及场所限

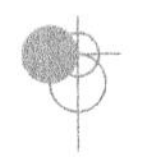

定性的心理特征比较明显；交往行为的舒适性、从众性的心理特征比较明显。社会性坐憩活动的发生受坐憩环境的舒适性影响明显较大。

3.3　居民坐憩面临的问题及原因

3.3.1　居住区坐憩环境面临的问题

3.3.1.1　坐憩环境选择的局限性

我们需要深入探讨居民在选择坐憩环境时所面临的种种制约。对于居住在别墅与小洋房这类高端住宅的居民而言，他们对坐憩环境的需求往往呈现出较为单一的特点。这类住宅通常配备有私家小庭院，为居民提供了一个私密且舒适的户外活动空间。因此，居民们更倾向于在自己的庭院中进行各种坐憩活动，如品茶、阅读或简单的休闲放松，享受那份独属于家的宁静与惬意。

然而，对于居住在高层住宅区的居民来说，情况则大不相同。他们没有私家的庭院，日常的各种坐憩活动在很大程度上都需要依赖居住区内部提供的公共设施和活动场地。居住区内部的绿地及坐憩环境成为他们日常坐憩活动的首选，甚至是唯一的选择。但现实情况是，高层居住区往往人口密度大，而绿地面积相对有限，所能提供的坐憩环境也就显得尤为稀缺。这种供需之间的不平衡，是高层居住区坐憩环境局限性的一个重要方面。

除此之外，坐憩环境的局限性还体现在资源的不合理配置上。在一些居住区中，由于规划和设计的不足，有限的坐憩资源并没有得到合理的利用。例如，一些坐憩设施可能设置在人流稀少或不易到达的区域，导致这些设施的使用率极低，造成了资源的浪费。同时，这种不合理的设置也使得居民在实际使用中能够选择的坐憩环境变得更加有限，无法满足他们多样化的坐憩活动需求。

综上所述，居住区坐憩环境的局限性不仅体现在居民对坐憩环境选择上的受限，还体现在高层居住区绿地和坐憩设施的稀缺性，以及不合理设置导致的资源浪费和可用坐憩环境的不足。这些问题共同构成了当前居住区坐憩环境面临的主要挑战。

3.3.1.2　坐憩环境的舒适度不高

在调研分析的过程中，我们发现坐憩环境舒适度不高首先表现在坐憩环境设计的不合理上。这一不合理主要体现在两个方面：

一是坐憩环境的整体位置设置不当。具体来说，有些坐憩环境被设置在步行道的尽头或是隐蔽的树丛中，这样的位置设置带来了两方面的问题。一方面，如果坐憩环境位于人流密集的步行道尽头，往往会因为使用人群过多，周边的植被遭到破坏，影响了环境的美观和生态平衡；另一方面，如果坐憩环境过于隐蔽，则难以被居民发现或者难以进入，这样的环境缺乏安全感，容易让人产生不安的情绪，甚至在一定程度上增强了犯罪的可能性，显然不利于居民的正常使用和坐憩活动的开展。

二是坐憩环境的构成要素设计不合理。不同的坐憩环境，其设施配置和景观设计的要求应该是有所区别的，应当根据不同行为的使用需求来进行个性化的设计。然而，现状却是很多坐憩环境在设计上大同小异，缺乏针对性和差异性，对实际的使用情况考虑不足。这样的坐憩环境显然不能满足居民对于坐憩行为舒适度的需求，也无法提供多样化的坐憩体验。

除了设计不合理之外，坐憩环境的舒适度不高还表现在硬件设施的不完善上。不少居住区的坐憩环境缺少遮风避雨的设施、照明设施及垃圾箱等基础设施，这样的环境对老年人和儿童的吸引力较弱。特别是到了夜晚，如果照明条件较差，不仅会影响居民的使用体验，也不利于居民在傍晚时分的居住区进行坐憩活动。

综上所述，坐憩环境设计的不合理及硬件设施的不完善都是影响坐憩环境舒适度的重要因素。这两种情况的存在都与居民对坐憩环境的安全、舒适及领域性等需求相背离，都不利于居民坐憩活动的正常开展。因此，在未来的坐憩环境设计和改造中，我们需要充分考虑居民的实际需求和使用习惯，以提供更加人性化、舒适的坐憩环境为目标。

3.3.1.3 尚未形成坐憩环境系统

在深入探讨居住区坐憩环境设计的现状时，我们不得不面对一个核心问题：对居民坐憩行为心理及行为需求的忽视。这种忽视不仅体现在设计初期的理念缺失上，也贯穿于整个规划与建设的过程中，导致已建成的居住区往往难以形成一个既连贯又富有吸引力的系统化坐憩环境。

问题的根源之一在于坐憩环境规划与居住区整体景观规划之间的不协调。在传统的房地产开发模式中，居住区的整体景观规划通常先行一步，它更多地关注视觉美学、空间布局和生态绿化等方面，而居民的实际坐憩需求和行为模式往往被置于次要地位。待整体景观规划尘埃落定，再由专门的户外坐具设计团队进行坐憩环境的设计。这种“先整体后局部”的设计流程，虽然看似有序，实则藏有隐患。

两个独立的设计过程，如同两条并行不悖的河流，难以自然交汇，最终导致坐憩环境与整体景观的脱节。户外坐具设计团队可能拥有出色的产品设计能力，但由于缺乏对居住区整体设计理念的深入理解和对居民行为心理的细致观察，他们所设计的坐憩设施往往只能孤立地存在于环境中，缺乏与周围景观的和谐共生。这些坐具可能在外形上追求时尚或创新，却难以与周围的自然景观或人文氛围相融合，显得单调而突兀。

此外，这种设计模式还容易忽视居民的实际坐憩需求。例如，不同年龄段的居民对坐憩环境的需求是不同的，老年人可能更需要安静、舒适的休息空间，而儿童更倾向于有趣、互动性强的活动区域。然而，在现有的设计流程中，这些差异化的需求往往难以得到充分的考虑和满足。

因此，为了构建系统化的坐憩环境，我们需要从根本上改变这种设计模式。一方面，应加强设计团队之间的沟通与协作，确保坐憩环境的设计与居住区整体景观规划相协调、相补充；另一方面，应深入研究居民的坐憩行为心理和需求，将这些研究成果融入设计过程中，使坐憩环境真正成为居民生活中不可或缺的一部分。只有这样，我们才能创造出既美观又实用、既符合居民需求又融入整体环境的坐憩空间。

3.3.2　居住区坐憩环境面临困境的原因

进一步深入剖析长沙市居住区坐憩环境的现状与挑战，我们不难发现其深层的原因。坐憩环境作为居民日常生活中不可或缺的一部分，其优劣直接关系到居民的生活品质与幸

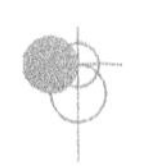

福感。然而，当前长沙市居住区坐憩环境所面临的问题，实际上是一个多层次、多维度交织的困境。

从量的方面来看，居住区坐憩空间的不足与布局不合理，直接限制了居民坐憩活动的多样性和可能性。这背后反映了规划阶段的短视与片面，缺乏对城市空间长远发展的战略眼光，以及对居民日常生活需求深入细致的考量。规划技术的局限，加之对居民坐憩行为模式的认知不足，导致了坐憩空间在数量上的匮乏与分布上的不均衡，进而影响了居民坐憩活动的正常开展。

从质的方面来看，坐憩环境资源的浪费、不合理占用，以及设施的匮乏与陈旧，凸显了管理与维护上的缺失。管理不科学、不到位，使得原本就有限的坐憩资源无法得到有效利用和保护，反而因人为破坏或自然损耗而加速退化。同时，设施的单一与陈旧，无法满足居民日益多元化的坐憩需求，老年人和儿童等特殊群体的需求更是被严重忽视。

以上这些问题的根源在于对居民坐憩活动和需求的认识不足与重视不够。在当前快速城市化的背景下，房地产开发商往往更侧重于经济效益的追求，而忽视了居住环境的整体营造与居民生活质量的提升。对坐憩环境的研究不足，导致在规划、设计、建设和管理等各个环节都缺乏科学有效的指导与支持。此外，相关政策与制度的缺失或滞后，也使得坐憩环境的改善难以得到有效保障。

因此，要破解长沙市居住区坐憩环境的困境，就必须从根源上入手，加强对居民坐憩活动规律、行为心理及需求的研究，提升规划、设计、建设和管理水平。具体而言，需要强化政策支持与资金投入，完善相关法律法规和标准规范；加强跨部门协作与信息共享，形成合力推进坐憩环境改善的良好局面；鼓励公众参与和社会监督，让居民成为坐憩环境改善的受益者和参与者。通过这些措施的实施，逐步构建起一个既满足居民坐憩需求又富有特色的居住区坐憩环境体系。

3.4 本章小结

本章深入探讨了长沙市居住区坐憩环境的现状，通过对比分析不同居住区的坐憩环境，旨在全面揭示那些促进与阻碍居民坐憩活动的关键因素。这一过程不仅涉及对物理空间布局、绿化质量、设施完善度等显性因素的考量，还深入剖析了文化氛围、社区管理、居民参与度等隐性因素的作用。

在对比分析中，我们注意到，那些成功促进居民坐憩活动的居住区往往具备以下特点：一是坐憩空间布局合理，既保证了私密性又兼顾了开放性，满足不同年龄、性别、兴趣爱好的居民需求；二是绿化覆盖率高，环境优美，为居民提供了良好的休闲放松场所；三是设施完善，包括座椅、遮阳伞、照明设备、垃圾桶等，确保居民在享受坐憩时光的同时，也能感受到便捷与舒适。相反，阻碍居民坐憩活动的因素则主要包括空间狭小、环境嘈杂、设施陈旧或缺失等。

本章对坐憩环境中居民的活动类型及行为特征进行了细致分类。基于居民与坐憩环境之间的互动关系，我们将坐憩活动划分为必要性坐憩活动、自发性坐憩活动和社会性坐憩活动三大类。必要性坐憩活动，如等人、短暂休息等，是居民日常生活中不可或缺的一部分，对坐憩环境的基本要求是安全、便捷；自发性坐憩活动，如散步后小憩、阅读等，更多地依赖于环境的舒适度和吸引力，居民倾向于选择环境优美、设施完善的场所；社会性坐憩活动，如邻里交流、儿童游戏等，则强调空间的开放性和互动性，需要坐憩环境能够支持多人同时参与，并促进社交互动。

通过对居住区居民行为特征的调查统计分析，我们发现，在参与不同类型的坐憩活动时，居民的行为心理需求存在显著差异。例如，在必要性坐憩活动中，居民更关注环境的实用性和安全性；在自发性坐憩活动中，居民更加注重环境的舒适度和审美感受；在社会性坐憩活动中，居民则期望环境能够激发社交欲望，促进情感交流。

本章最后对居住区坐憩行为中存在的问题和原因进行了总结。我们指出，当前居住区居民面临坐憩困境的根本原因，在于对居民坐憩行为缺乏正确的认识和了解，以及对坐憩环境的研究和技术支持不足。这种不足导致在居住区规划、设计、建设和管理过程中，往往忽视了居民的实际需求和偏好，

使得坐憩环境难以真正满足居民的期望。因此，未来需要加强对居民坐憩行为的研究，深入了解居民的心理需求和行为特征，同时加强技术支持，提升坐憩环境的规划、设计和建设水平，为居民创造更加舒适、便捷、富有吸引力的坐憩空间。

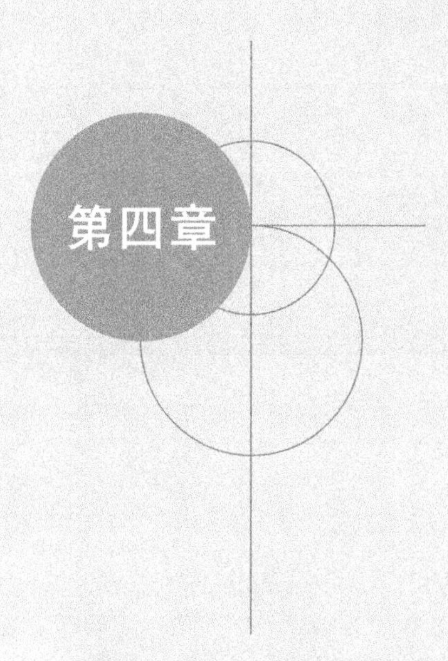

第四章 基于环境行为学的居住区坐憩环境的系统建设方法

4.1　居住区坐憩环境的系统建设要素

由于系统的各构成要素及其相互关系是形成系统稳定结构、保证系统整体功能得以发挥的基础，因此，应当明确居住区坐憩环境的系统建设要素。只有明确居住区坐憩系统的建设要素及其之间的相互关系，才能系统地开展居住区坐憩环境建设。为实现满足居民需求的居住区坐憩环境的系统建设目标，其建设要素应当包括完善的坐憩网络、丰富的坐憩景观和便捷的坐憩设施①。

坐憩网络是居住区坐憩环境系统结构的骨架，一个完善

① 金潇. 基于行为心理学的城市公园游憩空间营建初探[D]. 雅安：四川农业大学，2012.

的居住区坐憩网络能够解决居民坐憩活动中“坐”的基本需求。坐憩景观主要包括居民在坐憩过程中所能看到的自然、人工环境景观，它的空间范围不仅包括坐憩环境本身，也包含整个居住区的物质空间环境。丰富的坐憩环境景观能对坐憩空间起到功能提升的作用，满足居民坐憩过程中观景，即“看”的需求。坐憩设施是指坐憩环境中具有使用功能的环境设施。对坐憩设施合理布置的主要目的是满足居民坐憩需求。它既具有美化居住区环境的效果，也能够提升居住区坐憩空间环境质量和居住区环境的文化品位。合理配置的坐憩环境设施具有保障坐憩环境舒适性的功能，满足居民“用”的需求（图 4-1、表 4-1）。

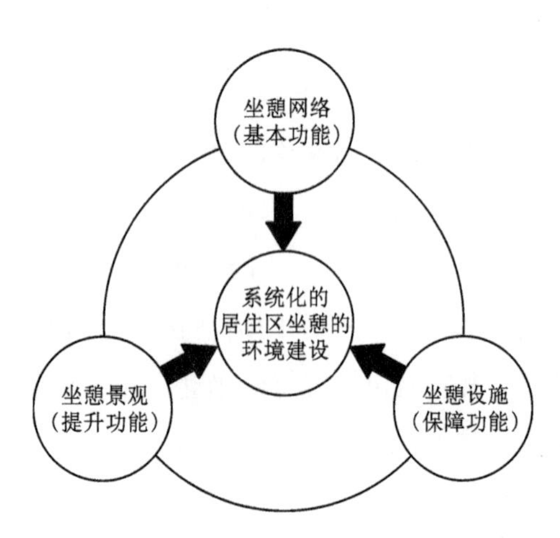

图 4-1　居住区坐憩环境的系统建设要素

表 4-1　居住区坐憩环境的系统建设要素

	功能	构成要素	建设目标
坐憩网络	提升小区整体品质，合理规划坐憩活动	坐憩区域、坐憩路径、坐憩节点	安全、便捷，便于维护、管理
坐憩景观	满足视觉审美需求，提升坐憩环境整体品质	自然景观、人工景观	赏心悦目，吸引居民
坐憩设施	满足居民坐憩活动使用需求，为坐憩活动提供支持	坐具设施、卫生设施、照明设施、活动设施、无障碍设施	舒适、自由，各取所需

因此，居住区坐憩环境的系统建设应当以合理、完善的坐憩网络组织为起点，首先满足居民坐憩时有地方可坐及安全、便捷的基本坐憩需求，然后结合坐憩景观的提升功能与坐憩设施的保障功能，共同实现坐憩环境整体品质的提升，满足人们舒适、自由的高层次坐憩目标。

4.2 必要性坐憩活动环境的建设方法

4.2.1 建设原则

4.2.1.1 便捷性

在居住区坐憩环境的设计中，对于必要性活动的引导尤为关键，这类活动虽非居民主动选择，却构成了日常生活中不可或缺的一部分。它们往往伴随着等待，如等人、候车等场景，这些坐憩体验直接影响到居民的日常便利感与心理舒适度。因此，在规划与设计坐憩环境时，首先要考虑的是其便捷性，确保居民在进行这些必要性活动时能够享受到最大程度的便利与舒适。

首先，坐憩位置的布局须精心策划，力求使居民能够迅速且方便地到达等待区域。无论是小区楼下还是大门口，坐憩设施的设置都应紧邻目标出现的高频区域，如公交站、出租车停靠点或小区出入口等，以减少居民在等待过程中的无效移动和时间消耗。这样的布局不仅提高了居民发现目标（如公交车到站、家人归来）的及时性，也便于目标在第一时间识别到等待者的位置，提高了双方互动的效率和安全性。

其次，对于儿童、老年人及有紧急需求的成年人，坐憩环境的便捷性设计更需体现人性化关怀。对于行动不便的儿童和老年人而言，减少不必要的步行距离意味着降低了体力消耗，增加了安全性。因此，坐憩设施应设置在平坦、无障碍的区域内，并配备必要的辅助设施，如扶手、防滑地面等，以确保他们能够轻松到达并安全使用。同时，考虑到紧急情况下的快速响应，坐憩区域应保持良好的视线通透性，便于居民观察周围环境，及时应对突发状况。

最后，坐憩环境的设计还应注重与周围环境的和谐共生。合理的绿化配置、舒适的座椅设计及良好的照明设施，能营造出既实用又美观的等待空间。这样的环境不仅能够缓解居民在等待过程中的焦虑情绪，还能提升整个居住区的品质感和居住满意度。

综上所述，对于必要性活动的引导，坐憩环境的便捷性设计是首要原则。科学合理的布局、人性化的设施配置以及与周围环境的和谐融合，能够为居民创造一个既方便又舒适的等待空间，让每一次的等待都成为一次愉悦的体验。

4.2.1.2 视觉引导性

在探讨必要性坐憩活动的优化设计时，视觉引导性的重要性不言而喻。这类活动，如等人或候车，本质上是一种基于视觉交互的等待过程，因此，创造一个既有利于居民观察又便于其被观察的视觉环境，对于提升坐憩体验、促进高效沟通至关重要。

首先，视觉引导性的强化需要通过坐憩环境周边的标志性设计来实现。它可以是一个显眼的主体物，如具有地域特色的雕塑、醒目的指示牌、色彩鲜明的建筑元素。它不仅能够作为视觉焦点，吸引等待者的注意力，还能成为被等待者快速识别等待位置的重要参照。这样的设计使得等待过程不再单调乏味，反而增添了几分趣味性和期待感。

其次，空间引导也是提升视觉引导性的关键一环。坐憩环境应设计成易于被发现的开放式或半开放式空间，通过合理的空间布局和流线设计，确保等待者能够清晰地看到目标出现的主要路径或区域。此外，利用景观小品、绿化带等自然元素作为视觉引导线，可以引导视线流动，增强空间层次感，使等待过程更加顺畅自然。

再次，在注重视觉引导性的同时，各层次空间之间的渗透与衔接同样不容忽视。坐憩环境不应是孤立存在的，它应与周边环境形成有机整体。通过巧妙的过渡空间设计，如步道、广场、平台等，坐憩空间可与居住区的其他功能区无缝对接，既方便了居民的日常出行，又丰富了坐憩环境的空间层次和景观效果。这样的设计不仅满足了居民的基本坐憩需求，还为他们提供了多元化的互动和交流机会。

最后，为了进一步提升坐憩环境的吸引力，设计师还应注重细节处理和文化氛围营造。例如，选择舒适耐用的座椅材料、搭配和谐的色彩方案、融入地方文化元素等，都能让坐憩环境更加贴近居民的生活需求和审美偏好。同时，举办各类社区活动、设置互动装置等方式，能增强坐憩空间的活力和凝聚力，使其成为居民日常生活中不可或缺的一部分。

综上所述，对于必要性坐憩活动的设计而言，良好的视觉引导性是提升坐憩体验的关键。通过标志性设计、空间引导、多层次空间渗透与衔接、细节处理和文化氛围营造等多方面的努力，我们可以为居民创造一个既实用又美观的坐憩环境，让等待成为一种愉悦的享受。

4.2.2　网络组织策略

4.2.2.1　坐憩区域

必要性坐憩活动景观环境网络的系统性组织策略，主要是为短时间停留的居民提供的，有不同年龄的各类人群参与的可能，主要解决等人、候车的坐憩行为。必要性坐憩区域一般发生在相对开放的场所，在居住区中主要是指人与人、人与车交会的地方，以及人流量比较大的区域①(图 4-2)。

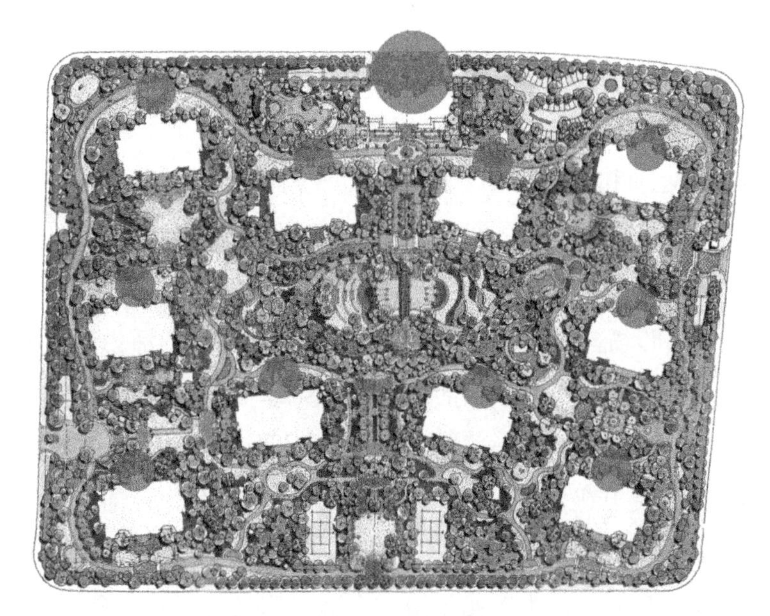

图 4-2　必要性坐憩活动区域

4.2.2.2　坐憩路径

在构建居住区必要性坐憩环境网络时，确保坐憩路径的连续性与完整性至关重要。这不仅关乎居民在等待过程中基

① 叶燕春，冷红. 北方城市住区户外公共空间环境设计对策[J]. 低温建筑技术，2008(3)：36-37.

本需求的满足，也是提升整个社区宜居品质的重要一环。一个精心设计的坐憩路径系统，能够为居民提供一条顺畅无阻的通道，让他们在进行必要性坐憩活动时能够轻松抵达目的地，同时享受到沿途的景致与便利。

首先，坐憩路径的连续性意味着从居住区入口到各个关键等待点（如公交站、小区门口等）之间应有清晰可辨、无障碍的行走路线。这样的设计能够确保居民在需要等待时，能够迅速找到并沿着路径前往指定的坐憩区域。此外，路径的连续性还有助于减少居民在寻找坐憩地点过程中不必要的行走和体力消耗，提升他们的整体满意度。

其次，坐憩路径强调完整性和闭合性。一个完整的坐憩路径系统应该覆盖居住区的各个重要节点和区域，确保居民无论身处何地，都能通过路径系统方便地到达任何一个等待点。同时，路径的闭合性也有助于提高居民的安全感，因为他们在等待过程中可以随时沿着路径返回出发点，不必担心迷路或遇到危险。

再次，规整的坐憩路径不仅为等人和被等提供了良好的引导作用，其设计美学还提升了整体环境的品质。整齐划一的路径布局能够营造出一种有序、和谐的空间氛围，使居民在行走过程中感受到舒适和愉悦。同时，路径的线形、宽度、材质等设计元素也需充分考虑人体工学和视觉美学原理，以确保居民在行走时的舒适性和安全性。

最后，沿途整齐的阵列植被景观更是为坐憩路径增添了无限魅力。植被不仅能够美化环境、净化空气，还能为居民提供遮阴、降温等实用功能。整齐的阵列布局使得植被景观具有统一性和视觉冲击力，能够吸引居民的注意力并提升他们的观赏体验。在植被的选择上，可以考虑种植一些具有地方特色的树种或花卉，以展现居住区的文化特色和生态多样性。

综上所述，一个连续、完整、规整且具有景观的坐憩路径系统是居住区必要性坐憩环境网络的重要组成部分。它不仅为居民提供了便捷、安全的行走通道和舒适的等待空间，其设计美学和生态功能还提升了整个居住区的宜居品质。在未来的居住区规划设计中，应注重坐憩路径系统的构建和完善，以满足居民日益增长的美好生活需求。

4.2.2.3 坐憩节点

坐憩节点作为现代居住区规划中不可或缺的元素，不仅关乎居民日常生活的便捷性，也是提升社区整体品质与居民幸福感的重要手段。这些节点，犹如社区中的小憩驿站，主要分布在小区的主要出入口处、住宅空间的显眼位置，旨在让居民在归家途中或外出时能够迅速发现并轻松到达，满足其即时的休息与交流需求。

在设计上，坐憩节点强调“显眼醒目、快捷便利”的核心特点。通过采用鲜明的色彩搭配、独特的造型设计、与周围环境形成鲜明对比的材质选择，确保坐憩节点在视觉上能够第一时间吸引居民的注意，成为社区中的亮点。同时，考虑到居民往往只是短暂停留，坐憩节点的设施配置力求简洁实用，如设置足够的座椅、遮阳伞或简单的绿化装饰，既满足基本需求，又避免过度装饰导致浪费。

坐憩节点的分布策略紧密围绕居住区的整体规划布局展开。节点科学分布与组织，可构建出一个全面覆盖、连接顺畅的坐憩网络。这一网络不仅覆盖了小区的主要通道、广场、儿童游乐区等高频活动区域，还巧妙地连接了住宅楼栋之间的空地，使得居民无论身处社区的哪个角落，都能便捷地找到休憩之处。这种布局不仅提升了居民日常生活的便捷性，还增强了社区的连通性和整体感。

此外，设计师在规划坐憩节点时，还需充分考虑舒适性对居民的吸引力。舒适性不仅体现在座椅的材质、高度、角度等物理层面上，还体现在环境氛围的营造上。合理的绿化配置、灯光设计以及背景音乐的选择，能够营造出一种温馨、舒适、宜人的休憩环境，让居民在忙碌的生活之余，能够找到一片属于自己的宁静之地，享受片刻的放松与惬意。这样的设计不仅满足了居民的基本需求，也提升了他们的生活品质和精神追求。

4.2.3　景观设计思路

4.2.3.1　自然景观

(1)地形地貌

在必要性坐憩环境中，地形地貌作为自然的基底，深刻影

响着居住区坐憩景观的结构布局与居民的体验感受。不同的地形条件，不仅塑造了多样化的坐憩空间形态，还赋予了居民在休憩过程中丰富多彩的视觉享受与心理感受。

鉴于坐憩环境的高频使用特性——居民众多、流动性强、使用时间相对短暂，且活动类型多以短暂停留如等人、候车为主，地形选择显得尤为重要。平坦开阔的地形自然是首选，它不仅便于设施的布置与居民的通行，还确保了视线的畅通无阻。在这样的环境中，居民能够轻松享受无遮挡的视野，无论是远眺风景还是近观人群，都能获得愉悦的视觉体验。同时，这种开放性也增强了居民之间的相互可见性，便于交流与互动，提升了坐憩空间的社交属性。

若条件允许，巧妙地利用地形高差设计坐憩空间，还能带来别具一格的体验。在高差适中的环境中，将坐憩区域设置在稍高的位置，不仅能够为居民提供更为开阔的视野，使其能够俯瞰周边环境，感受一份别样的宁静与惬意，还能在一定程度上增强空间的层次感与趣味性，吸引居民驻足停留，延长坐憩时间。此外，这样的设计还有助于形成一定的私密空间，为需要暂时远离喧嚣、享受个人时光的居民提供庇护。

为了丰富坐憩环境的语言，设计师还可以结合地形特点，融入自然元素与人文景观。比如，在平坦区域布置精致的绿化小品、艺术雕塑或文化墙，增添空间的艺术氛围与文化底蕴；在地形高差适中的区域可通过设计台阶、坡道、平台等方法，创造出层次分明、错落有致的景观效果，同时结合座椅、遮阳设施等人性化设计，让居民在享受自然美景的同时，也能感受到设计者的匠心独运与对居民需求的细心考量。

总之，地形地貌作为坐憩环境设计的重要考量因素之一，其合理利用与巧妙设计不仅能够优化空间布局、提升视觉体验，还能增强坐憩环境的吸引力与实用性，为居民创造更加舒适、便捷、富有情趣的休憩空间。

(2)植被

在打造必要性坐憩环境时，植被扮演着至关重要的角色。为了营造一个既美观又实用的休憩空间，我们需精心挑选并合理配置植物种类，确保它们既能为居民提供宜人的绿色环境，又不会对坐憩活动造成不便。

首先，对于坐憩环境周边的植被，我们倾向于选择低矮的灌木、精致的花卉及柔软的草坪。这些不仅能够营造出温馨、宁静的氛围，还能确保居民在坐憩或站立时拥有开阔的视野，不被茂密的枝叶遮挡。低矮的灌木能够勾勒出空间的边界，提供一定程度的私密性，同时不会让人感到压抑；花卉的点缀则增添了空间的色彩与生机，使人心旷神怡；而草坪则提供了一个可供居民放松、躺卧的柔软表面，增强了坐憩环境的舒适度。

其次，对于乔木，我们倾向于选择那些分枝点较高的树种。这样的乔木在提供必要的树荫与遮风挡雨功能的同时，不会遮挡居民的视线，确保了坐憩区域的通透性与开放性。它们如同天然的遮阳伞，为居民提供了一片凉爽的休憩之地，同时

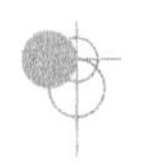

也成为社区中一道亮丽的风景线。

最后，在道路设计中融入植被阵列也是一个巧妙的构思。精心设计的植被阵列可以引导居民的视线，创造出一种有序而富有节奏感的视觉体验。这些植被阵列不仅美化了道路环境，还起到了引导方向、分隔空间的作用。它们如同自然界的指引者，引领着居民穿梭于社区之中并发现更多的美景与惊喜。

综上所述，通过精心选择布局方式与合理进行植被设计，我们可以为必要性坐憩环境增添更多的色彩与活力。这些植物不仅美化了空间环境，还提升了居民的坐憩体验与生活质量。它们以无声的语言讲述着自然与人文的和谐共生之道，让居民在繁忙的生活中找到一片宁静与舒适之地。

(3)水体

自然水体与人工水体，作为居住区坐憩景观中不可或缺的灵动元素，不仅赋予了空间以生命与活力，还承载着观赏、游乐与生态等多重功能。在构建必要性坐憩环境时，巧妙地运用水体元素，不仅能吸引居民驻足停留，享受片刻的宁静与惬意，还能通过其独特的魅力强化视觉与听觉的双重引导，为坐憩空间增添无限风情。

自然水体，如溪流、湖泊、池塘等，以其原始、自然的形态融入居住区，为居民带来一份难得的亲近自然之感。这些水体往往伴随着丰富的水生生物与植被，形成了独特的生态系统，为居民提供了观察自然、学习生态知识的绝佳场所。同时，自然水体的流动与变化，如潺潺流水、波光粼粼，都能使人内心平静，或产生遐想。因此，自然水体是坐憩环境中不可或缺的视觉焦点。

而人工水体，是设计师匠心独运，将自然之美与人类的智慧完美融合的产物。喷泉、瀑布、水幕墙等人工水体，不仅美化了环境，还通过水流的动态变化创造出丰富的视觉效果与听觉享受。跌水的设计尤为巧妙。它不仅能以独特的形态与声音吸引居民的注意，还能通过水流的跌落与碰撞产生悦耳的声响，为坐憩空间增添一份生动与活力。这种声音引导，让居民不仅在视觉上得到满足，还在听觉上获得了一种愉悦与放松。

此外，水体元素还能与坐憩设施、绿化景观等相结合，形成多层次的景观体系。例如，在水边设置亲水平台、座椅等坐憩设施，让居民在享受美景的同时，还能近距离感受水体的清凉与湿润；在水体周围布置丰富的绿化植被，既能美化环境，又能净化水质，提升整个坐憩空间的生态品质。

综上所述，自然水体与人工水体在居住区坐憩景观营造中发挥着不可替代的作用。它们以独特的魅力与功能，为居民提供了一个集观赏、游乐、生态于一体的休憩空间。在必要性坐憩环境中，充分利用水体元素进行视觉与听觉的双重引导，不仅能够提升坐憩空间的吸引力与舒适度，还能让居民在繁忙的生活中找到一片属于自己的宁静之地。

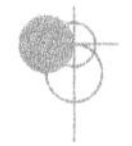

4.2.3.2 人工景观

(1)构筑物

构筑物通常形成居住区坐憩环境的主要空间界面，特别是在小区出入口的必要性坐憩环境中，特别的风格、材料和技术条件等使坐憩环境具备了不一样的空间形态，给人以醒目感，构筑物的形体、色彩、肌理等物质性的实体要素与环境共同形成了居住区坐憩空间的景观意象，从而使人印象深刻，提升了必要性坐憩环境的使用频率。

(2)空间形态

坐憩环境的空间形态是居住区坐憩环境的主体框架。坐憩环境周边的建筑界面、路面、植被及构筑物共同围合的空间，其比例、尺度、围合感等都会影响到居民对坐憩环境的空间感受。在必要性坐憩环境中，相对开阔的空间形态会给居民更好的视觉引导性和便捷性。

(3)公共艺术

在必要性坐憩环境中的公共艺术主要有景观小品以及符合主题的构件。丰富的公共艺术形象可增强视觉引导性以及自发性坐憩活动的停留时间，是坐憩景观设计的要素。

4.2.4 设施配置要求

居住区中的必要性坐憩环境应考虑设置在地理位置比较

明显的地方；地面铺装要有特征，易被观察到；整体形式可以多变；可添置临时避雨的设施；居住区大门出入口的坐憩环境可以依靠特有构筑物的周边进行设计，明显却不唐突。楼宇出入口的坐憩环境可以考虑设置在宅前绿地或路边，可采用相对耐用的材质搭建；也可结合一楼大厅设计在室内，这样特征明显易被发现，且有一定的遮风避雨的先天条件，可选择更为舒适的材质①。

4.2.4.1　坐具设施

在必要性坐憩环境中坐具设施是重要的物质实体。其形式相对简洁，包括座椅、台阶、矮墙、花坛等。由于坐憩环境使用频繁，可以考虑混凝土、石材、玻璃、金属、塑料、防腐木等相对经久耐用的材料，设计方向为所等之人出现的方向。座椅的布置既可以满足居民坐憩需要，也可以成为观看居住区景观的原点，具有较强依托和较好触感的座椅可以吸引居民逗留及延长停留时间，从而促进居民交往。台阶、矮墙和花坛既可以作为休息设施，又可以在散步环境中构成不同层次的空间，活跃环境氛围②。

4.2.4.2　卫生设施

垃圾箱是维持坐憩环境整洁的重要设施，特别是在必要

---

① 杨建华，林静，陈力.城市公共空间环境设施规划建设的现状问题分析[J].中国园林，2013(4)：58-62.

② 张冉，熊建新.城市公共空间座椅设计研究[J].包装工程，2010(14)：12-14.

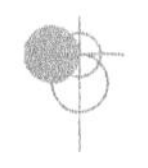

性坐憩环境中，因为人流量比较大、使用频繁，小区出入口周边一般都有一些餐饮提供，不少居民及周边上班族会在小区出入口的坐憩环境中用餐。

4.2.4.3 照明设施

在必要性坐憩环境中，照明设施作为不可或缺的基础设施，其重要性不言而喻。其中，庭院灯与路灯作为两大主要构成部分，不仅承载着基本的照明功能，还提升了坐憩环境的品质，丰富了居民的体验感。

首先，从实用性的角度出发，庭院灯与路灯的首要职责是确保夜间坐憩活动的安全与便利。在小区出入口、主要通道及坐憩区域设置充足的照明设施，能够有效照亮环境，减少视野盲区，为居民在夜间等人、候车时提供清晰可见的视野，避免因光线不足而引发安全隐患。同时，良好的照明条件还能让居民在心理上感到更加安心，愿意在坐憩区域停留更长时间，享受夜晚的宁静与舒适。

其次，照明设施在空间划分与引导方面发挥着重要作用。通过精心设计的灯光布局与光影效果，可以巧妙地划分出不同的功能区域，如主要通行区、休闲坐憩区等，使空间层次更加分明，布局更加合理。此外，利用灯光的方向性以及强度变化，还可以为居民提供直观的视觉引导，帮助他们快速找到目的地，提升整个坐憩环境的导向性与可识别性。

最后，照明设施还是美化空间、营造环境氛围的重要手段。在夜晚，灯光洒落在坐憩区域的每一个角落，不仅能够照亮空间，还能通过光影的交织与变化，营造出温馨、浪漫或静谧的氛围。设计师可以根据坐憩环境的主题与风格，选择合适的灯具类型、色温与亮度，以及运用灯光的投射、反射等方法，创造出独具特色的光影效果，让居民在享受坐憩时光的同时，还能感受到视觉上的愉悦与享受。

综上所述，照明设施在必要性坐憩环境中扮演着至关重要的角色。其不仅为居民提供了安全的夜间环境，还通过划分空间、引导视觉及美化环境等方式，极大地提升了坐憩环境的品质与舒适度。因此，在规划与设计坐憩环境时，应充分考虑照明设施的布局与配置，确保其在满足基本需求的同时，还能为居民带来更加美好的体验与感受。

4.2.4.4　活动设施

在必要性坐憩环境中，只需要配置简单的遮阳避雨的设施(如雨篷、遮阳伞等)，以及地面铺装鲜明显著易于发现即可。其不需要过多配置活动设施。在此坐憩的居民大多数是有目的的等待，坐憩时间短，过于丰富的活动设施不利于人流车流的通过。

4.2.4.5　无障碍设施

在必要性坐憩环境中，儿童、老年人及行动不便的使用人群对坐憩活动空间的便捷性、视觉引导性有较高要求。在平坦、无障碍的区域内，配备必要的辅助设施，如扶手、防滑地面等，以确保他们能够轻松到达并安全使用。同时，考虑到紧急情况下的快速响应，坐憩区域应设置引导标识，保持良好的视线通透性，便于居民观察周围环境，及时应对突发状况。

4.3　自发性坐憩活动环境的建设方法

4.3.1　建设原则

4.3.1.1　舒适性

在坐憩活动中，自发性坐憩行为占有主要比重。在以自发性活动为主的坐憩环境中，居民需要长时间坐憩，居民的大部分休闲活动属于自发性坐憩活动，为居民创造舒适的坐憩活动场所就尤为重要。应特别注意儿童、老年人及行动不便的居民等弱势群体的坐憩需求，舒适性对他们来说尤为重要。

4.3.1.2　便捷性

选择自发性坐憩活动的居民，往往不愿走太远，大都希望在家的附近解决自发性的坐憩需求。在设计中我们应注重弱势居民便捷性的行为需求，保证坐憩环境的合理构建，满足弱势居民的需求。

4.3.1.3 多样性

在构建居住区自发性坐憩环境时，确保环境的多样性与包容性至关重要，这是激发居民多样化自发性活动的基石。自发性坐憩行为，作为居民日常生活中不可或缺的一部分，其发生的环境须具备高度的灵活性和适应性，以满足不同人群、不同时间段的多样化需求。

首先，空间形态的多样性是吸引自发性坐憩活动的关键。从架空层的半私密空间到开阔的广场，从宅间绿地的小巧精致到组团空间的温馨舒适，每一种空间形态都有其独特的魅力和吸引力。在设计中，应充分考虑这些空间的特点，通过合理的布局与规划，使它们相互连接、相互渗透，形成一个既独立又统一的坐憩环境系统。这样的系统不仅能够容纳多样化的坐憩设施，如座椅、长凳、凉亭等，还能通过铺砖、植被、绿地等元素的多样化组合，营造出各具特色的空间氛围，激发居民的探索欲和停留欲。

其次，坐憩功能的复合化和多层次性是实现环境多样性的重要手段。在居住区坐憩环境的建设中，不应仅仅局限于提供简单的坐憩设施，而应将其视为一个集休闲、娱乐、邻里交往等多种功能于一体的综合性空间。通过引入儿童游乐区、健身区、阅读角等的多元化设施，可以吸引不同年龄、不同兴趣爱好的居民前来参与，促进自发性活动的发生和发展。同时，还应注重空间层次的划分，通过高差、围合、遮挡等手法，创造出既有私密性又有开放性的坐憩空间，满足不同居民的心理需求和行为习惯。

再次，强调自发性坐憩环境的系统性和整体性也是至关重要的。在规划和设计过程中，应充分考虑居住区整体风貌、文化特色以及居民的生活习惯等因素，确保坐憩环境与周边环境相协调、相融合。同时，还应注重坐憩空间之间的连通性和可达性。通过合理的路径规划和交通组织，居民能够轻松便捷地到达各个坐憩区域，享受多样化的坐憩体验。

最后，为了确保自发性坐憩环境的持续发展和优化，还需要建立有效的管理和维护机制。这包括定期对坐憩设施进行检查和维修、对植被进行修剪和养护、对环境卫生进行清理和保洁等。同时，还应鼓励居民积极参与坐憩环境的建设和管理，通过举办社区活动、征集居民意见等方式，不断完善和优化坐憩环境，使其真正成为居民心中理想的休闲场所。

综上所述，居住区自发性坐憩环境的系统建设应遵循多样性原则，通过多样化的空间形态、复合化和多层次性的坐憩功能、系统性和整体性的规划与设计，以及有效的管理与维护机制等措施，为居民提供一个丰富多彩、舒适宜人的自发性坐憩环境，促进居民之间的交流与互动，提升居住区的整体品质和居民的生活质量。

4.3.2 网络组织策略

4.3.2.1 坐憩区域

自发性坐憩活动景观环境网络的系统性组织策略，主要是针对长时间停留的居民。各类不同年龄的人群都有参与自发性坐憩活动的可能，坐憩行为主要有观望、休息、晒太阳、照看小孩、赏景。自发性坐憩区域一般设置在离住宅比较近的区域，在居住区中主要设置在楼宇附近，方便居民就近活动①(图 4-3)。

图 4-3 自发性坐憩活动区域

① 韩秀瑾. 高层住宅中邻里空间的“边界效应”探析：在现代人文精神语境中[J]. 华中建筑，2007(3)：78-80.

4.3.2.2　坐憩路径

由于自发性坐憩活动具有多样性，自发性坐憩路径在保证便捷性的前提下，可以结合坐憩环境考虑多种形式，如林荫大道、花园小径。

4.3.2.3　坐憩节点

自发性坐憩节点在居住区内扮演着促进居民间互动与交流的重要角色。这些节点围绕楼宇紧密分布，巧妙地嵌入架空层、宅间绿地及组团空间，旨在满足不同居民群体对坐憩环境的多样化需求。

从私密到开放的渐进式设计理念，是构建自发性坐憩环境的一大亮点。靠近楼宇的坐憩区域，往往被设计成相对私密的空间，其利用绿植、围栏或景观小品等自然屏障或人工屏障，为居民提供一个静谧、舒适的休憩场所。这种设计不仅满足了居民对私密性的需求，也为他们提供了远离喧嚣、享受宁静片刻的机会。

而随着空间的逐渐展开，靠近中心组团及广场的自发性坐憩环境呈现出更加开放的面貌。这里，宽敞的座椅、遮阳伞、花坛等元素交织在一起，形成了一个充满活力与互动的空间。居民们可以自由地聚集在这里，享受阳光、微风，或是参与各种社区活动，如健身、聊天、儿童游戏等。这种开放性的设计，不仅促进了居民之间的交流与互动，也增强了社区的凝聚力和归属感。

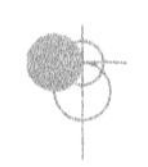

在实现坐憩环境多样性的同时，我们还需要特别关注弱势群体的坐憩需求。例如，为老年人设置带有扶手和靠背的座椅，方便他们起身和坐下；为残疾人提供无障碍通道和专用设施，确保他们能够轻松到达并享受坐憩环境；为儿童设置安全、有趣的游乐设施，让他们在家长的陪伴下快乐成长。这些贴心的设计，体现了对每一个居民群体的关怀与尊重，也让坐憩环境更加人性化、包容性更强。

此外，为了保障居民日常坐憩活动的便捷性和多样性，我们还需要合理规划路径和交通流线。通过设置清晰的指示标识、优化步行道路布局、提供便利的交通工具接驳点等措施，确保居民能够轻松快速地到达各个坐憩节点。同时，我们还可以根据居民的需求和喜好，定期调整和优化坐憩环境的布局与设施配置，使其始终保持新鲜感和吸引力。

综上所述，自发性坐憩节点的布局与设计应充分考虑居民的多样化需求，从私密到开放逐级展开，注重对弱势群体的关怀与尊重，并通过合理的路径规划和交通流线设计来保障居民日常坐憩活动的便捷性和多样性。这样的设计不仅能够提升居住区的整体品质和生活质量，还能够促进居民之间的交流与互动，构建和谐美好的社区环境。

4.3.3　景观设计思路

4.3.3.1　自然景观

(1)地形地貌

自发性坐憩环境多处于楼宇周边，架空层中一般以平地为主。为了满足坐憩多样性的需求，可将地形抬高或者下沉，满足独处居民的专属感。宅间的坐憩环境应相对平缓，不要遮挡建筑底层的采光。在组团空间中，可以依整体地形而建，增加坐憩环境的趣味性，但也不可过于隐蔽，一来方便居民到达，二来保证居民的人身安全。

(2)植被

在自发性活动的坐憩环境中，景观的设计思路有多种可能。居住区架空层区域是居民自发性坐憩活动比较集中的地方，在这里活动的居民以儿童和老年人为主，活动主要是观望、休息、照看小孩、赏景等。这里有一定的遮风避雨的先天条件，所以受到广大居民的眷顾，但由于光线不足的先天缺陷，所以在设计上需要将架空层周边的植物适当布置得疏松一些，尽量采用相对低矮的灌木或者分枝点高的乔木，充分引入自然光，并且适当地设计一些人造光源进行补充。架空层内，应在墙角种植一些耐阴植物，缓解硬质墙面带来的压迫感。

在宅间绿地、组团空间中的自发性活动，各年龄层次的居民都有，主要活动为观望、休息、晒太阳、照看小孩、赏景等，因此自发性坐憩环境中植被景观层次可以丰富多样：坐憩环境对面可设计草地或者水池做对景；坐憩设施周围可考虑种植一些低矮的灌木或花境植物做围合；背倚靠的方向可以种植一些中高型乔木，既可做背景又可遮风避雨；乘凉的地方可考虑密植乔木、灌木或者修建凉亭。自发性坐憩环境的设计中应既有隐秘也有通透。宅间坐憩环境的植被相对隐秘，植物要有一定的围合；组团空间坐憩环境要相对通透，植物要相对开敞。当自发性坐憩环境位于建筑山墙周边时，应采用多叶植物缓和山墙带来的压迫感。

(3)水体

自发性坐憩环境对面可设计自然水景或人工水景做对景，也可将坐憩环境居于水上，如风雨桥。一处好的水景，会吸引人们更长时间的停留，促进社会性活动的发生。

4.3.3.2　人工景观

(1)构筑物

构筑物可形成居住区坐憩环境的主要空间界面。在自发性坐憩环境中为了体现坐憩环境的多样性，构筑物可以结合坐具设施，形成造型丰富多变的坐憩环境，例如安东尼奥·高迪的古埃尔公园(图4-4)，其将景观与设施完美地融为一体。在舒适性方面，一处好的构筑物可以给居民提供安全感、私密感，让人的体验更为舒适。架空层中硬质墙体较多，应减少过高构筑物的设计。

图 4–4　古埃尔公园

图片来源：百度

(2)空间形态

在自发性坐憩环境中，空间形态应丰富多变，可圆可方，可抬高可下沉，但围合空间的角度最好大于90°，避免给居民狭隘尖锐的感觉，也方便物业后期维护。

(3)公共艺术

架空层中可增添一些墙绘、挂画及陶罐，以丰富坐憩环境，给居民视觉上的舒适。在宅间空间及组团空间中可结合居住区整体文化风格，在坐憩环境中增添一些雕塑、陶罐等。

4.3.4 设施配置要求

4.3.4.1 坐具设施

在自发性坐憩环境的营造中，坐具形式的多样性与舒适性是不可或缺的要素，它们直接关系到居民的体验感受与停留意愿。坐具的设计不应局限于传统的座椅形式，而应加入灵活多变的元素，如台阶、矮墙、花坛边缘等，这些非传统坐憩空间能够激发居民的创意与探索欲，让坐憩行为变得更加自然与随性。

考虑到居民的坐憩时间可能相对较长，坐具的材料选择显得尤为关键。为了提升坐憩的舒适度，应优先选用那些既耐用又亲肤的材料。塑料材质因其防水、易清洁的特性，在户外环境中表现出色，但需注意选择质感柔软、无刺激气味的环保材料；防腐木则以其自然纹理和温暖触感受到青睐，它能够很好地融入自然环境，为坐憩空间增添一份温馨与质朴；藤椅则以其独特的编织工艺和透气性能，成为炎热季节中的理想选择，让居民在享受清凉的同时，也能感受到自然与艺术的和谐统一。

此外，坐具的朝向布局也是不可忽视的细节。将坐具设置在景观节点的对面，不仅能够为居民提供开阔的视野，还能让他们在坐憩的同时，享受到美好的视觉盛宴。这种布局方式有助于提升坐憩空间的吸引力，使居民在放松身心的同时，也能感受到环境的和谐与美好。为了进一步增强视觉体验，可以在坐憩区域周围布置精心设计的绿化景观、水景或艺术品，让居民在每一次的坐憩时光中，都能有新的发现和感悟。

综上所述，自发性坐憩环境中的坐具设计应追求丰富多变与舒适耐用的完美结合。通过多样化的坐具形式、合适的材质选择及合理的朝向布局，我们可以创造出既实用又美观的坐憩空间，让居民在繁忙的生活节奏中，找到一片属于自己的宁静与惬意。这种设计不仅提升了居住区的整体品质，也促进了居民之间的交流与互动，为构建和谐美好的社区环境奠定了坚实的基础。

4.3.4.2　卫生设施

垃圾箱是维持坐憩环境整洁的重要设施。特别是自发性坐憩环境相对分散，进行自发性活动的居民停留时间比较长，且使用卫生设施较为频繁，小区的主要活动中心需设置多个垃圾箱。地面要选择容易清理的材质。坐憩环境卫生设施在选择材质时均要考虑后期的维护成本。

4.3.4.3 照明设施

在必要性坐憩环境中照明设施主要包括庭院灯、路灯、吊灯及地灯。可以为居民在坐憩的同时提供舒适的视觉环境。在架空层中，由于采光不足，时常需要补充人造光源。在夜晚，合理的照明设施可以用来划分和引导空间，为自发性活动的居民提供安全舒适的坐憩环境，以及降低犯罪率，也可以跟周边植物结合起来展现不一样的夜景。但人在参与公共活动时有安全及隐私的双重要求。主要的活动场地需要一定照度的灯具来避免安全隐患，满足人们的活动需求，但过强照度的灯具及过密的灯具布置会减少夜晚活动的朦胧感，降低私密性。因此照明设计应该分区域按照人的心理需求进行合理布置①。

4.3.4.4 活动设施

居住区坐憩环境的活动设施和场地能够有效吸引居民前来活动，从而促进居民日常交流。在自发性坐憩环境中，除了考虑简单的遮阳避雨设施，如亭子、遮雨篷、遮阳伞、张拉膜、廊架、凉亭、玻璃纤维遮阳织物等人工遮阳措施②。地面铺装可考虑草地、蘑菇石、防腐木地板等。活动设施需考虑桌子等。

---

① 王晓勤. 行为心理学在小游园设计中的应用[J]. 黑龙江农业科学，2012(11)：125-127.

② 唐鸣放，张恒坤，赵万民. 户外公共空间遮阳分析[J]. 重庆建筑大学学报，2008(3)：5-8.

4.3.4.5　无障碍设施

在自发性坐憩环境中，老年人、儿童和行动不便的使用人群较多，他们对坐憩活动空间的舒适性和便捷性有较高要求，应将坐憩环境结合居住区坡道、盲道等设施来保证特殊群体的坐憩安全、便利。

4.4 社会性坐憩活动环境的建设方法

4.4.1 建设原则

4.4.1.1 舒适性

丰富多样的自发性坐憩活动，如同社区活力的催化剂，不仅能够激发居民内心的休闲欲望，还能够在无形中促进社会性坐憩活动的萌芽与发展。社会性坐憩活动作为居民间互动与交流的集中体现，其发生的可能性与频率直接受到自发性坐憩活动丰富度的影响。当社区内自发形成的坐憩空间与活动多样且吸引人时，自然而然地会吸引更多居民参与其中，进而促使他们从个人或小规模的坐憩转向更为广泛的社会性坐憩，如集体讨论、邻里聚会、亲子游戏等。

舒适性是社会性坐憩活动得以持续进行并深化的前提条件。一个舒适的坐憩环境，不仅仅能够满足居民身体上的放松需求，更重要的是能够营造出一种温馨、和谐、包容的氛围，让居民在心理上产生归属感和安全感。这种心理层面的舒适感，是促使居民愿意长时间停留、深入交流、建立深厚邻里关系的关键。

因此，为居民创造舒适的坐憩活动场所，是提升小区品质、促进邻里关系融洽的重要举措。在设计上，除了注重坐具的舒适度与多样性外，还需关注整体环境的布局与氛围营造。比如，通过合理的空间规划，确保坐憩区域既有一定的私密性以满足个性需求，又不失开放性以促进社交互动；利用绿化植被、水景元素等自然景观，提升环境的观赏性与宜人性；设置遮阳避雨的设施，确保居民在不同天气条件下都能享受到舒适的坐憩体验。

此外，还可以通过举办各类社区活动，如节日庆典、文化沙龙、亲子工作坊等，来进一步激发社会性坐憩活动的活力。这些活动不仅能够为居民提供相互了解、增进友谊的平台，还能够增强社区的凝聚力与向心力，让居民在共同参与中感受到家的温暖与和谐。

综上所述，为居民创造舒适的坐憩活动场所，是构建高品质社区、促进邻里关系融洽的关键所在。通过精心设计与策

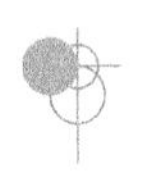

划，我们可以让社区成为居民心灵的港湾，让每一次的坐憩都成为美好回忆的开始。

4.4.1.2 从众性

社会性坐憩活动作为社区生活中不可或缺的一部分，其魅力在于能够汇聚众人的力量与智慧，共同创造温馨、活跃的交流氛围。在设计这类坐憩环境时，从众性成为一个至关重要的考量因素，因为它直接关系到活动的吸引力和参与度。

从众心理作为人类行为的一种普遍现象，在社会性坐憩活动中表现得尤为显著。居民在选择参与某项活动时，往往会受到周围环境和其他人行为的影响。因此，坐憩环境的设计需要巧妙地利用这一心理特征，通过视觉和听觉的双重引导，吸引并留住更多的居民。

视觉引导方面，开阔的坐憩空间布局是关键。这样的设计不仅能让居民从远处就能清晰地看到活动的场景，还能让他们感受到活动的热闹与活力，从而激发参与的兴趣。同时，利用色彩鲜明、造型独特的坐具和装饰元素，也能在视觉上形成强烈的冲击力，从而进一步吸引居民的注意力。

然而，仅仅依靠视觉引导是不够的。听觉的吸引同样重要。在坐憩环境中设置音乐播放设备，可以播放轻松愉悦的背景音乐，也可以根据活动主题选择相应的音效，从而为环境增添一份生动与活力。此外，活动时的欢声笑语、掌声喝彩等声音，也是吸引周围居民的重要因素。这些声音能够传递出活动的欢乐与愉悦，激发更多人的好奇心和参与欲望。

除了视觉和听觉的引导外，坐憩环境的设计还需要充分考虑居民集聚的场所条件，包括足够的空间容量、合理的布局规划、便捷的交通流线及完善的配套设施等。只有满足这些条件，才能确保坐憩环境能够承载大量的居民，并为他们提供舒适、便捷的参与体验。

综上所述，在社会性坐憩活动环境的设计中，从众性是一个不可忽视的重要原则。通过视觉和听觉的双重引导，以及合理的场所条件规划，我们可以创造出既吸引人又实用的坐憩环境，为居民提供更多元化、更高质量的社交体验。这样的设计不仅能够促进邻里关系的融洽与和谐，还能够提升整个社区的文化氛围和生活品质。

4.4.2　网络组织策略

4.4.2.1　坐憩区域

社会性坐憩活动主要以交谈、娱乐、交往为主，持续时间长，是有赖于他人参与的活动。该活动主要发生在居住区环境的公共、半公共、半私密空间中，为了吸引更多的居民，其坐憩区域相对开敞。舒适的坐憩区域会使社会活动持续更长的时间。社会性坐憩活动更多的是自发性坐憩活动的连锁反应，它是基于自发性坐憩活动的，所以网络组织策略中同样需要

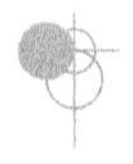

考虑分层次、分级规划布局，如对小众聊天、众人集会要区别对待，对公共、半公共、半私密区域的社会性坐憩活动环境进行不同协调①(图 4-5)。

图 4-5　社会性坐憩活动区域

4.4.2.2　坐憩路径

社会性坐憩环境由于参与人数相对较多，路径不可过于

① 马静，胡雪松，李志民. 我国增进住区交往理论的评析[J]. 建筑学报，2006(10)：16-18.

狭窄。小众交谈、交往的坐憩路径，可相对隐秘；众人参与的娱乐活动场地，要考虑相应的人流疏散通道。

4.4.2.3　坐憩节点

社会性坐憩环境作为社区生活的重要组成部分，其设计需细致入微地融入空间开放性的考量，以营造既促进交流又不失私密性的多元化社交空间。在相对开敞的区域，如广场和中心组团，这些空间因其独特的地理位置和视觉吸引力，成为社会性坐憩环境设计的核心区域。

广场，作为社区的公共心脏地带，其周边坐憩环境的设计应充分体现开放性和包容性。围绕广场布局，可以设置多样化的坐憩设施，如弧形长椅、模块化休息区等。这些设施不仅能为居民提供充足的休息空间，还能通过形态和布局引导居民的视线流动，增强空间的互动性和参与感。广场上的活动，如音乐会、舞蹈表演、社区比赛等，能够吸引大量居民聚集与观赏，通过视觉和听觉的双重刺激，激发居民之间的交流与互动，从而增强社区的凝聚力和活力。

而在半开放的空间，如中心组团、凉亭或廊架下，这些区域为小型社会性坐憩活动提供了理想场所。这些空间既有相对独立的私密性，又能与外界保持适度的联系，为居民创造一个既安全又舒适的交流环境。在凉亭或廊架下，可以设置舒适的座椅和良好的遮阳设施，搭配柔和的灯光和优美的背景音乐，营造出一种轻松愉悦的氛围。此外，周边绿荫下的树池和草地上的特色石阶，也可以作为自然形成的坐憩空间，为居民提供更多元化的社交体验。这些空间不仅适合家庭聚会、朋友小聚等小型活动，还能促进邻里之间的日常交流与互动。

对于情侣约会、聊天等相对私密的社会性坐憩活动，宅间绿地中的坐憩环境成为最佳选择。这些空间通常较为隐蔽且安静，为情侣们提供了一个远离喧嚣、享受二人世界的私密空间。在设计时，应注重空间的私密性与舒适性相结合，通过合理的植物配置和景观遮挡来创造私密感，同时设置舒适的座椅和柔和的灯光来营造浪漫氛围。此外，还可以考虑在宅间绿地中设置一些小型景观节点或艺术品装饰，以增加空间的趣味性和观赏性，让情侣们在享受私密时光的同时也能感受到艺术的熏陶和美的享受。

综上所述，社会性坐憩环境的设计需充分考虑不同空间的开放程度与功能性需求，通过科学合理的布局与精心的细节设计来营造多元化、高品质的社交空间。这样不仅能够满足居民多样化的社交需求，还能增强小区的邻里交往与社会娱乐活动的丰富性，为居民创造一个更加和谐、美好的社区生活环境。

4.4.3　景观设计思路

4.4.3.1　自然景观

(1) 地形地貌

社会性坐憩环境地形地貌设计时应考虑到使用人群的数

量，大型活动的场地应尽量设计平缓。当有地形高差时，应多设计缓坡，少用楼梯，以免人多拥挤造成居民受伤。如2014年上海黄浦区外滩陈毅广场踩踏事件中，如果将楼梯改成缓坡，伤亡量会大大减少。对小型活动，可设计下沉或抬高的地势，保持一定的私密性与专属感。

(2)植被

植物可以选择低矮的灌木或者分枝点高的乔木，给人以开阔的视觉感受，也给其他居民一个视觉上的吸引，直观地看到这里的活动。坐憩设施周围可考虑一些低矮的草灌木或花境植物做围合，背倚靠的方向可以种植一些中高型乔灌木，既可做背景，又可遮风避雨，以增加舒适性。在约会、交谈等相对私密的坐憩环境中，空间要有围合感，种植的植物要相对丰富，减少硬质建筑材料，这样可使舒适性加强。

(3)水体

在大型坐憩环境中，水体宜面积小、深度浅、可循环且维护简便，如旱喷。在小众的坐憩环境中，可采用点状水体，如小的跌水或涌泉。

4.4.3.2　人工景观

(1)构筑物

在社会性坐憩环境中，为了体现坐憩环境的从众性，可结合构筑物来设计各种设施。突出的构筑物能较好地吸引进行自发性坐憩活动的居民。

(2)空间形态

在社会性坐憩环境中，较宽阔的空间场地可为居民提供舒适的活动空间，吸引更多的进行社会性坐憩活动的居民。

(3)公共艺术

在社会性坐憩环境中，可结合小区的社区文化，增添一些雕塑、陶罐来丰富坐憩环境，给居民视觉上的舒适。

4.4.4 设施配置要求

4.4.4.1 坐具设施

在开敞空间中由于居民坐憩时间相对较长，使用人群较多，坐具设施应考虑丰富多变的造型。首先，设施材料需经久耐用且舒适，如防腐木、玻璃钢等，不容易被雨水侵蚀。其次，造型要有一定的围合感或者弧度，符合看与被看、听与被听的关系，使居民能轻松地观察到其他参与的居民，使用起来更为舒适①。在半开放空间中，主要考虑三至五人的坐憩行为，凉亭或廊架下可选用木质座椅。在楼宇间的社会性坐憩活动环境中，可在注重舒适性的同时考虑一定的私密性，给私聊的居民留一定的私密空间。坐憩设施可以更为舒适一些，可选择藤质、防腐木等材料。

---

① 李素云. 山地城市中建筑景观照明的视觉分析和研究[D]. 北京：北京工业大学，2009.

4.4.4.2　卫生设施

由于进行社会性坐憩活动的居民比较多，舒适的坐憩环境中垃圾箱是必不可少的，应根据活动场地相应配置。由于坐憩时间较长，垃圾箱的位置最好靠近坐具，方便居民使用。

4.4.4.3　照明设施

在社会性坐憩环境中，照明设施不仅是夜晚功能性的照明工具，也是营造氛围、增强空间层次感和满足居民心理需求的关键元素。庭院灯、路灯、吊灯及地灯作为主要的照明手段，各自承载着不同的功能与美学价值，共同编织出夜晚社区的独特风情。

庭院灯以其柔和而均匀的光线，为整体环境奠定了一个温馨而舒适的基调。它们通常沿小径或坐憩区边缘布置，既照亮行人的道路，又不过分刺眼，为居民在夜晚散步或静坐提供恰到好处的照明。在设计时，可以根据庭院的布局和植被情况，调整庭院灯的高度和角度，以达到最佳的照明效果。

路灯则更多地承担了功能性照明的角色，它们分布在社区的主要道路和广场周围，确保夜间行人的安全。路灯的亮度需根据人流密度进行调整，高人流区域应设置很亮的路灯，以确保视线清晰；而低人流区域则可适当降低亮度，以减少光污染并营造宁静的氛围。

吊灯以其独特的造型和明亮的光线成为坐憩区的焦点。

在凉亭、廊架或休息区上方悬挂吊灯，不仅能提供充足的光源，还能通过光影的变化和灯光的色彩营造出温馨、浪漫或宁静的氛围。吊灯的设计应考虑到与周围环境的协调性，以及居民的心理需求，如柔和的光线可以减少视觉疲劳，促进放松和交谈。

地灯以其低矮、隐蔽的特点，为地面增添了一抹柔和的光影。它们可以布置在草坪、小径或树丛间，通过向上或向下的光线投射，创造出层次丰富的光影效果。朦胧的地灯光感不仅能为居民提供相对私密的环境，还能引导视线，增强空间的导向性和趣味性。

在照明设计时，应充分考虑人的心理需求，分区域进行有效布置。例如，在公共活动区域如广场和中心组团，可以采用较为明亮的照明设施，以吸引居民聚集并促进社交活动；而在相对私密的区域如宅间绿地和角落，则应采用柔和、朦胧的照明方式，营造出浪漫、舒适的氛围。此外，还可以通过智能照明控制系统，根据时间、天气和人流情况自动调节照明亮度和色温，以满足不同时段和场景下的照明需求。

4.4.4.4 活动设施

在设计社会性坐憩环境中的活动设施时，遮风避雨设施的考量是至关重要的，它们不仅能提升设施的实用性，还能确保居民在各种天气条件下都能享受到舒适的活动体验。遮雨篷、遮阳伞、张拉膜、廊架、凉亭及玻璃纤维遮阳织物等人工遮阳措施，各自以其独特的方式为活动区域提供了必要的防护。

遮雨篷和遮阳伞作为便携且灵活的遮阳避雨工具，适合临时性活动或小型空间的使用。它们可以根据天气变化迅速安装或收起，既方便管理，又能满足居民的即时需求。遮雨篷通常采用防水材料制成，能够有效阻挡雨水侵入。遮阳伞配备有可调节的遮阳布，能根据日照强度调节光线，为居民提供阴凉。

张拉膜结构则以其轻盈、美观的特点成为大型活动区域的优选。它利用高强度膜材和钢结构形成大面积的遮阳顶棚，不仅能够遮挡阳光和雨水，还能通过膜材的透光性和反射性创造出独特的光影效果，增强空间的艺术感。张拉膜结构的设计灵活多样，可以根据地形和建筑形态进行定制，实现与周围环境的和谐共生。

廊架和凉亭作为传统的遮风避雨设施，以稳固的结构和优雅的造型深受居民喜爱。廊架通常沿道路或水系布置，为行人提供连续的遮阳避雨通道；而凉亭作为独立的休憩空间，内部设有座椅和桌子，方便居民进行各种休闲活动。这些设施不仅具有遮阳避雨的功能，还成为社区中重要的景观节点，提升整体环境的品质。

玻璃纤维遮阳织物是一种新型的遮阳材料，具有轻质、高强、耐腐蚀、易清洁等优点。这种织物可以根据需要裁剪成各种形状和尺寸，用于搭建遮阳棚、遮阳帘等遮阳设施。其透光性和透气性良好，既能有效遮挡阳光，又能保持室内空气的流通，为居民提供舒适的室内环境。

在地面材料的选择上，同样需要兼顾实用性与美观性。砖、石材等传统材料具有耐久性强、易于维护的特点，适合用于人流密集的区域；而木地板则以自然、温馨的质感，为居民提供更加亲近自然的活动空间。在草地上铺设汀步则是一种更为生态友好的做法，它保留了草地的自然风貌，同时为居民提供了便捷的通行路径。

此外，社会性坐憩活动对桌子的需求也不容忽视。特别是在棋牌类娱乐活动中，一张稳固、舒适的桌子是必不可少的。这些桌子可以根据活动类型和使用场景进行定制，如设置可调节高度的桌腿以适应不同年龄段居民的需求；桌面可以选择防水、耐磨的材质以便于清洁和维护。同时，桌子的摆放也应考虑到空间的布局和人流的动线，以确保活动的顺畅进行。

4.4.4.5　无障碍设施

在规划大型社会性活动时，设计者的目光必须超越常规的审美与功能性考量，深切关怀特殊需求群体，特别是老年人、儿童及行动不便者，他们的参与感和舒适度是衡量活动成功与否的重要标尺。针对这些群体，坐憩活动空间的设计需融入更为细致的无障碍设计原则，确保每一位居民都能获得安全、便捷且舒适的社交体验。

首先，在坐憩设施的选择上，应为老年人提供符合人体工程学的座椅。这些座椅应具备适宜的座高、座深和靠背倾斜度，以减少久坐带来的不适感。同时，座椅表面应选用柔软、防滑且易清洁的材料，以增加使用的舒适度。对于儿童，可以设计一些色彩鲜艳、形态可爱的座椅，吸引他们的注意力，并在旁边设置安全围栏、软包边角，防止意外碰撞。对于行动不便者，则需确保座椅易于接近，避免设置过高的台阶或门槛，必要时可配备辅助移动设施如轮椅坡道。

其次，坐憩路径的无障碍设计同样关键。路径应宽敞、平坦且无明显高差变化，以减少行走难度和跌倒风险。在必要的位置设置扶手和休息平台，为行动不便者提供支撑和喘息的空间。同时，路径两侧应保持良好的照明，确保夜间行走的安全。此外，还需注意避免路径与繁忙的交通流线交叉，以减少意外发生的风险。

将坐憩环境与居住区内的坡道、盲道等无障碍设施相结合，是提升特殊群体活动便利性的重要手段。坡道的设计应遵循平缓、连续的原则，避免陡峭或急转弯的情况出现。在坡道两侧设置扶手和防滑条，以增加行走的稳定性。盲道则应清晰、连续地引导视觉障碍者安全行走至坐憩区域，并在关键位置设置语音提示或触感标识，以辅助他们了解周围环境。

最后，设计者还需关注坐憩环境与其他设施的协调性。例如，在坐憩区域附近设置公共卫生间、饮水点等便利设施，以满足居民的基本需求。同时，通过合理的植物配置和景观设计，为坐憩环境增添自然美感，营造宜人的休闲氛围。这些措施不仅能提升坐憩环境的整体品质，也能体现对特殊群体的关怀和尊重。

4.5　本章小结

本章分别从必要性坐憩活动、自发性坐憩活动、社会性坐憩活动这三种活动类型出发，从长沙市居住区坐憩环境的建设原则、网络组织策略、景观设计思路和设施配置要求这四个方面提出系统构建居住区坐憩活动环境的建设方法。

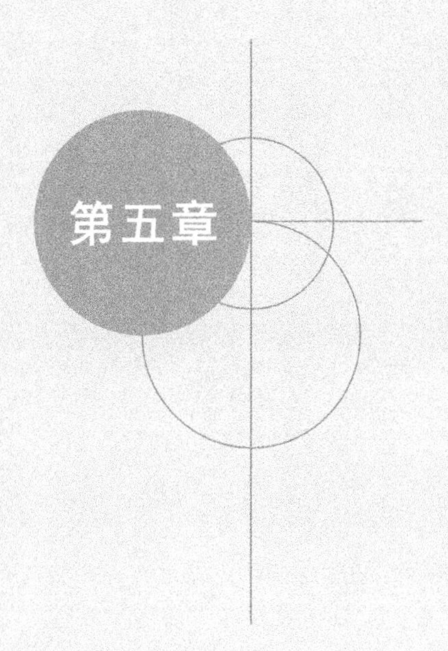

第五章 基于环境行为学的居住区坐憩环境设计改进设想

——以上海城居住区为例

笔者在上海城居住区坐憩环境的改进设想中，尝试应用本书总结的建设方法，旨在降低开发成本的同时确保居民的坐憩活动得到有效施展，并注重坐憩环境与整体居住区景观营造的结合，降低后期的物业维护成本。本书选择在长沙市上海城开展详细的居住区坐憩环境使用状况调查并进行设计改进，以具体说明居住区坐憩环境专项设计的操作方式。以上海城作为主要研究案例具有以下优点。

(1)成熟性

上海城总用地面积248亩(约16.53万平方米)，总建筑面积50万平方米，绿地率达42%，自2003年开始投资建设，至今已经历约20年的发展，目前入住人口约1.2万人，达到规划居住人口的70%，居住区发展、建设、管理等各方面都较为成熟，居民群体及其日常生活习惯相对稳定，比较能代表长沙市居住区居民日常活动的普遍情况。

(2)典型性

上海城居住区的规划理念、开发建设方法、服务设施配置等多方面都比较合理，具有较强的示范性，是长沙市居住区中的典型代表。

(3)系统性

上海城居住区户外环境较为完整、系统，优美的自然环境景观和方便使用的各类活动设施为居民开展各种丰富多彩的活动提供了安全、舒适的场所空间，坐憩系统初步形成。其坐憩环境改造经验对未来居住区坐憩环境的系统建设具有借鉴意义。

上海城楼宇分布图如图 5-1 所示。

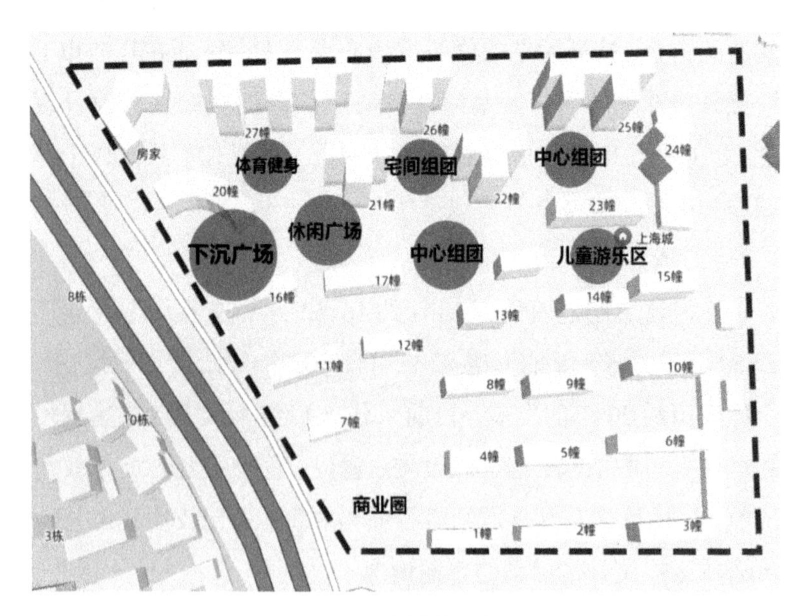

图 5-1　上海城楼宇分布图

5.1 架空层坐憩环境

在对上海城居住区架空层的坐憩环境进行调查后，笔者总结了上海城架空层中的坐憩活动主要有看书看报、打牌下棋、锻炼后休息、观看活动、观看景观、聊天等(表 5-1)。在上海城居住区架空层的坐憩环境中的坐憩活动大部分都属于自发性坐憩活动，在设计的时候就应考虑到居民的舒适性需求，同时注重不同活动的功能需求。

表 5-1　架空层坐憩环境活动情况

区域	空间特点	活动类型	活动人群	活动时间	活动持续时间
A	半围合	观看、打完球后休息	青年人、中年人、老年人	白天，较为频繁	>1 小时

续表5-1

区域	空间特点	活动类型	活动人群	活动时间	活动持续时间
B	半围合，一面临景观绿化	晒太阳、照看孩子、聊天	儿童、青年人、中年人、老年人	白天，偶尔	>半小时
C	半围合，一面临景观绿化	打牌、下棋	青年人、中年人、老年人	白天，较为频繁	>1 小时

（1）架空层改进设计一

在深入调查社区公共活动空间的过程中，笔者发现了一个现象：尽管平日里参与乒乓球运动的居民络绎不绝，显示出了极高的运动热情和社区活力，但遗憾的是，这一区域缺乏与之相匹配的、令人愉悦的坐憩环境。许多居民为了能在运动间隙或观战时得到片刻休息，不得不从家中搬出各式各样的旧沙发，这些沙发不仅外观参差不齐，影响了整体的美观性，而且其耐用性和舒适度也难以满足长期使用的需求。

针对这一现状，笔者在设计改进方案时融入了多重人性化考量。

首先，为了营造一个既私密又安全的休憩空间，改造方案创造性地采用了矮灌木作为自然绿篱，巧妙地分隔出专属的休息区域。这些绿篱不仅能够有效遮挡来自未封闭方向的风力，减少外界干扰，还以其独特的形态为坐憩的居民提供心理上的安全感，仿佛为他们构建了一个温馨的避风港。

其次，在坐憩设施的选择上，笔者摒弃了传统的不统一、不舒适的旧沙发，转而引入高品质的皮质沙发。这些沙发紧贴着绿篱布置，既保持了与自然环境的和谐共生，又充分利用了架空层提供的良好避雨条件，确保了无论天气如何变化，居民都能享受到干爽舒适的休息体验。皮质材料的选用，不仅提升了坐具的档次与质感，其良好的透气性和耐用性也让居民的休憩时光更加惬意与放松。

最后，地面材质的选择同样体现了设计的细致入微。改进方案选择铺设防腐木地板，这一设计不仅仅美观大方，更重要的是其防滑性能显著，能有效减少地面湿滑导致的安全隐患。同时，防腐木还具有良好的防潮性能，能够隔绝地下湿气，即使在阴雨连绵的日子里，也能保持地面的干燥与舒适，为居民提供一个更加健康、宜居的休憩环境。

综上所述，本改进设计通过巧妙利用自然元素、精选高品质的坐憩设施及注重细节的地面处理，不仅解决了原有空间中坐憩环境不佳的问题，还极大地提升了社区公共活动空间的品质与吸引力，为居民创造了一个既美观又实用的休憩场所，进一步促进了社区的和谐与活力(图 5-2)。

(2)架空层改进设计二

在深入观察与体验中，笔者深刻体会到，当阳光倾洒大地之时，尽管外界温暖明媚，但那些位于建筑底层的架空层空间，往往因为缺乏直射光线的缘故，显得相对阴冷沉闷。这一现象在冬日里尤为明显，不仅影响了空间的使用舒适度，也限

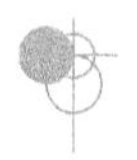

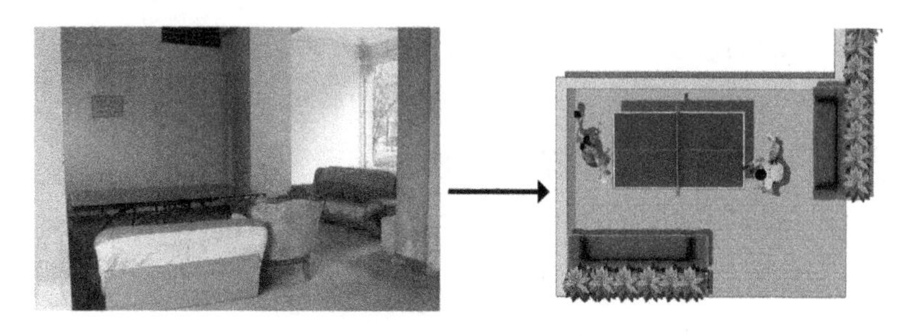

图 5-2　居住区架空层坐憩环境(1)

制了居民在此进行户外活动的意愿。于是，带小孩嬉戏或是单纯享受自然风光的居民们，纷纷采取了创造性的解决办法——他们将自己家中的座椅和婴儿车一同搬移到能够充分沐浴阳光的地方，面朝东方或南方，以确保孩子和自己都能享受到温暖的怀抱和明媚的景致。

基于这一观察，笔者在设计架空层改进方案时，融入了更多人性化的、与自然和谐共生的理念。

首先，考虑到居民对阳光的渴望，改进设计巧妙地将坐憩设施与精心挑选的景观植物相结合，不仅美化了环境，还通过植物的自然屏障作用，在一定程度上调节了微气候，使得坐憩区在保持凉爽的同时，又能享受到足够的阳光照射。座椅的布局不再局限于架空层内部，而是大胆地向外延伸，巧妙地穿插于宅间绿篱之中，形成了一条条绿意盎然、光影斑驳的休闲步道。这样的设计，既拓宽了居民的活动空间，又增加了空间的层次感和趣味性，使得无论是推着婴儿车漫步，还是与亲朋好友促膝长谈，抑或是独自沉浸于自然美景之中，都能找到最适合自己的位置。

其次，为了兼顾不同季节和天气条件下的使用需求，改进设计还特意在架空层的背面区域增设了坐憩设施。这些设施选用了耐候性强的材料，并配备了遮阳伞或遮阳棚等遮阳设施，确保在炎热的夏季居民们依然可以在此找到一片凉爽的避风港，享受树荫下的清凉与宁静。同时，这些背面坐憩区也成为观赏夕阳美景、享受傍晚凉风的绝佳地点，进一步丰富了居民的户外生活体验。

综上所述，通过对架空层坐憩设施的创新设计与布局优化，不仅有效提升了空间的利用率和舒适度，还促进了居民与自然环境的亲密互动，构建了一个既实用又美观、既现代又生态的社区休闲空间(图 5-3)。

图 5-3 居住区架空层坐憩环境(2)

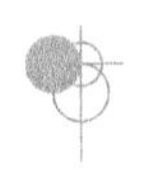

(3)架空层改进设计三

在深入社区调研与访谈的过程中，笔者发现架空层不仅是居民们日常休憩的温馨角落，也是老年群体进行棋牌娱乐、交流情感的重要社交场所。这些活动不仅丰富了他们的晚年生活，还促进了邻里间的和谐共处。然而，现有的坐憩设施虽已初具规模，却未能完全满足棋牌娱乐这一特定社会性活动的特殊需求。

针对棋牌娱乐时间相对较长且以老年群体为主的特点，居民们自发采取了一系列措施来提升舒适度，如携带个人软垫以增加座椅的柔软度等。这些行为不仅反映了居民对更高品质休闲体验的追求，也为架空层设施的改进提供了宝贵的参考。

在改进设计中，笔者充分吸纳了居民的意见与建议，将重点放在提升坐憩设施的舒适性与功能性上。首先，传统的硬质座椅被替换为更为舒适的皮质宽沙发，这些沙发不仅拥有柔软的坐垫和靠背，还具备足够的长度，能够轻松容纳多位参与者，让下棋与观棋的居民都能享受到家一般的舒适体验。同时，沙发的布局也经过精心考量，既保证了足够的私密性，又便于居民间的交流与互动。

为了进一步满足棋牌娱乐的多样化需求，下棋的桌子也被设计成了可调节高度的款式。这一创新设计不仅让居民在打牌与下棋时可以根据个人习惯调整桌面高度，还考虑到了不同年龄段和身体状况的居民的使用需求，确保了活动的无障碍参与。

此外，为了营造一个更加安全、温馨的娱乐环境，架空层的地面铺设了防滑耐磨的塑胶地板。这种地板不仅易于清洁维护，还能有效减少老年人在行走过程中的滑倒风险，让他们的每一步都走得更加安心。

在美化环境方面，设计团队精心挑选了一系列耐阴植物进行种植，这些植物不仅能够有效遮挡夏日强烈的阳光，为居民提供凉爽的休憩空间，还能通过其独特的形态与色彩，为架空层增添一抹生机与活力。同时，墙角管线的巧妙包裹与隐藏，不仅消除了视觉上的杂乱感，还使得整个空间显得更加整洁有序。

综上所述，通过对架空层坐憩设施的全面升级与改造，不仅极大地提升了居民在棋牌娱乐活动中的舒适度与参与度，还进一步美化了社区环境，营造了一个更加和谐、宜居的社区氛围(图 5-4)。

图 5-4　居住区架空层坐憩环境(3)

5.2 宅间空间坐憩环境

在对上海城居住区宅间空间的坐憩环境进行调查后，笔者总结了一般的坐憩活动有打完球后休息、观看、赏景、聊天、等人等(表5-2)。在上海城宅间空间的坐憩环境中，有自发性活动也有必要性活动，笔者根据不同的设计原则来进行改进。

表5-2 宅间空间坐憩环境活动情况

区域	空间特点	活动类型	活动人群	活动时间	活动持续时间
A	三面围合，一面临道路	观看、打完球后休息	儿童、青年人、中年人、老年人	早晨、下午、傍晚	>1小时
B	围合	晒太阳、纳凉、聊天	儿童、中年人、老年人	下午，偶尔	>半小时

续表5-2

区域	空间特点	活动类型	活动人群	活动时间	活动持续时间
C	半围合	等人、候车	儿童、青年人、中年人、老年人	早高峰、晚高峰	<半小时

(1)宅间空间改进设计一

在调查中发现，天气晴朗无风时，羽毛球场没有人使用。观察周围发现没有可供居民坐憩的设施，周边的草地被践踏，可见裸露的黄土。在改进设计中，将坐憩设施结合周边景观绿篱，一方面给居民提供坐憩环境，另一方面对周边植物进行保护。坐憩环境设计在球场的两个侧面，方便观看的居民有整体的视线，也方便打球的居民及时休息。坐具采用直线造型，材质采用防腐木。在坐具设施背后增种灌木球与枝叶密集的乔木，可以为坐憩的居民及打球的居民遮风，提供更舒适的坐憩环境。但宅间的乔木不可过于靠近楼宇，避免低楼层的居民室内采光不足(图5-5)。

图5-5 居住区宅间空间坐憩环境(1)

(2)宅间空间改进设计二

在深入调研并细致分析该宅间空间坐憩环境长期闲置的原因后，设计团队决定从提升空间亲和力、增强功能多样性、优化环境舒适度、细节之处见真章等四方面入手，进行一场全面而贴心的改造。

①提升空间亲和力。

针对原场地抬高导致的隔阂感，设计团队巧妙地将场地边缘进行软化处理，通过铺设缓坡与台阶相结合的方式，既保留了原有的层次感，又使得居民能够轻松自然地步入这片休憩空间。同时，将曲线形的设计语言贯穿整个围合空间。这种非直线布局不仅打破了传统空间的僵硬感，还赋予了空间以流动性和趣味性，让人在不知不觉中放松下来，感受到一种温馨而包容的氛围。

②增强功能多样性。

为了满足不同年龄层居民的需求，设计中融入了多种坐憩形式与功能区域。针对老年人，设置了带有扶手和靠背的防腐木长椅，确保他们坐得稳当舒适；而儿童区域则设计了色彩鲜艳、形态可爱的座椅，并搭配沙坑、秋千等游乐设施，激发孩子们的探索欲和想象力。此外，还规划了不同大小的圆桌和方桌，以适应从家庭聚会到朋友小聚的多种社交场景，让每个到访者都能找到属于自己的小天地。

③优化环境舒适度。

在绿化配置上，设计团队精心挑选了多种植物，以形成层次丰富、生态和谐的绿化体系。高大的乔木如银杏、香樟等被布置在西南面，它们的浓密枝叶在夏季为坐憩区提供遮阴；而秋冬季节落叶后，温暖的阳光洒满整个空间，成为居民享受日光浴的理想之地。同时，低矮灌木和地被植物的巧妙搭配，既丰富了景观层次，又增加了空间的私密性，让居民在享受自然美景的同时，也能拥有一份宁静与安详。

④细节之处见真章。

在材质选择上，防腐木因其耐久性好、环保健康的特点，被广泛应用于座椅、地面及景观构筑物中。这种材质不仅提升了空间的质感，还便于雨季的排水与日常维护，确保了坐憩环境的干净与整洁。此外，改进设计还充分考虑了无障碍通行的需求，设置了轮椅坡道等无障碍设施，确保每位居民都能无障碍地享受这片改造后的美好空间。

综上所述，此次宅间空间坐憩环境的改造设计，不仅解决了原有空间利用率低的问题，还通过一系列精心设计的细节，极大地提升了居民的生活品质与幸福感，让这片曾经被遗忘的角落焕发出新的生机与活力(图 5-6)。

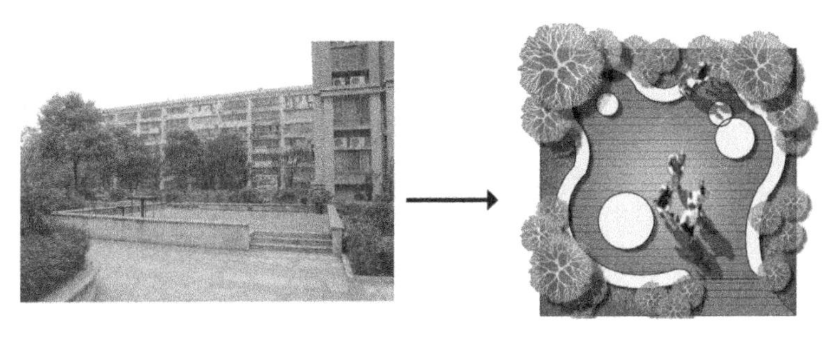

图 5-6　居住区宅间空间坐憩环境(2)

(3)宅间空间改进设计三

在宅间空间中还有一处等人的坐憩环境。在改进设计中，考虑到必要性坐憩环境的便捷性和视觉引导性，我们将其整体位置保持不变，种植了密度较大的灌木和乔木，将整个坐憩环境与背面的停车坪隔离开来；而面对楼宇的这一面相对开敞，视线通透，可种植一些花境植物，使居民有近距离的美景欣赏(图 5-7)。

图 5-7　居住区宅间空间坐憩环境(3)

5.3　组团空间坐憩环境

在深入调研上海城居住区组团空间的坐憩环境(表5-3)后，我们深刻认识到该区域不仅是居民日常放松与恢复体力的场所，也是促进邻里间交流与情感联系的重要平台。针对健身区周边坐憩环境的改进设计，我们旨在通过细致规划与创意布局，将这一区域从单一的健身功能拓展为集锻炼、休憩、社交于一体的多元化空间。

表 5-3　组团空间坐憩环境活动情况

区域	空间特点	活动类型	活动人群	活动时间	活动持续时间
A	开放，一面临绿化，一面临道路	观看、健身后休息、聊天	中年人、老年人	早晨、下午	>半小时

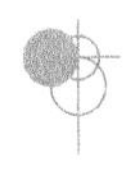

续表5-3

区域	空间特点	活动类型	活动人群	活动时间	活动持续时间
B	半围合	观看、打球后休息、聊天	儿童、青年人、中年人、老年人	白天，偶尔	>半小时
C	半围合	照看孩子、陪伴、聊天	儿童、青年人、中年人、老年人	白天，频繁	>1 小时

(1)舒适性优化

为了确保居民在健身后的休息时光更加惬意，我们采用了与自然景观深度融合的设计理念，坐憩设施被精心规划在植被环绕的圆弧形区域内。这样的布局不仅为使用者提供了视觉上的享受，还通过植被的屏障作用，有效隔离了来自周边楼宇的噪声与视线干扰，保证了坐憩空间的私密性和宁静感。同时，保留并修整了原有的高大落叶乔木，它们在夏季提供凉爽的树荫，在秋冬季则让阳光温柔地洒落，为居民创造了一个四季皆宜的休憩环境。此外，我们还补种了伞形常绿乔木，以应对多变的天气，确保居民在任何季节都能享受到遮风挡雨的舒适体验。坐憩设施周围，色彩斑斓的色叶灌木和地被植物被精心布置，既增添了空间的生机与活力，也为居民提供了绝佳的可供观赏的美景。

(2)视觉引导与社交促进

为了引导居民从健身活动自然过渡到坐憩与社交，我们在设计中特别注重了视觉引导性的营造。健身区域的地面采用了醒目的塑胶材料，不仅提高了运动的安全性，还以其鲜明的色彩吸引了更多居民的注意，无形中增加了该区域的吸引力与活跃度。同时，散步道路的巧妙设置，将健身区域与坐憩环境无缝连接，为居民提供了一个顺畅的流线选择，无论是刚从健身器材上下来的居民还是路过的行人，都能轻松找到一处舒适的坐憩之地，从而促进了不同群体之间的交流与互动。

(3)功能多样性提升

在改进设计中，我们还注重了功能的多样性，以满足不同居民的需求。除了基本的坐憩设施外，我们还增设了儿童游乐区、阅读角等休闲设施，使得整个空间更加富有层次感和趣味性。儿童游乐区的设置，不仅为孩子们创造了一个安全、有趣的玩耍空间，还为家长提供了照看小孩的便利，进一步促进了家庭间的互动与融合。而阅读角的引入，则为喜爱阅读的居民提供了一个静谧的角落，让他们能在书香中享受片刻的宁静与自我提升。

综上所述，通过对上海城居住区组团空间坐憩环境的改进设计，我们不仅提升了空间的舒适性与美观度，还成功地引导了居民从自发性坐憩活动向社会性坐憩活动的转变，为居民创造了一个集锻炼、休憩、社交于一体的多功能空间，有效促进了邻里间的和谐共处与情感交流(图 5-8)。

在重新构想篮球场周边的坐憩环境时，我们旨在打造一个既满足舒适性要求又强化视觉体验的社会性休憩空间，使

图 5-8　居住区组团空间坐憩环境

其与篮球场的活动紧密相连，形成一个充满活力的互动区域。以下是对该设计理念的具体运用。

坐憩环境被巧妙地设计成圆弧形，这一形状不仅顺应了人类视觉的自然曲线，确保了每个座位上的居民都能拥有最佳的观看角度，还能够营造出一种包裹感，让人们在观看比赛时更加聚焦且舒适。为了进一步丰富空间的层次感与实用性，我们引入了阶梯式设计，从篮球场边缘向外围逐级抬高。这样的设计不仅让篮球爱好者即使在场上累了也能迅速找到休息之处，还给他们提供了近距离观赛的机会，同时为路过的居民和观众提供了不同高度的观赏平台，满足了多样化的需求。阶梯式设计还巧妙地避免了人流穿梭对观看视线的干扰，确保了每一位观众都能享受到无遮挡的观赛体验。

针对原设计中廊架对篮球场视野的遮挡问题，我们决定拆除面向篮球场方向的支架，使坐憩区域与球场之间形成更加开阔的视野通道。这一改变不仅让坐憩的居民能够更加直观地感受到球场的激烈对抗，还促进了球场内外活动的交流与互动，增强了整个区域的活跃度与参与感。同时，开放式的空间布局也保证了空气流通性，让人们在享受观赛乐趣的同时，也能感受到自然的清新与惬意。

为了进一步提升坐憩环境的舒适性与美观度，我们在廊架顶端补种了藤本植物。这些植物随着季节的变换而生长蔓延，最终将形成一片翠绿的顶棚，为坐憩的居民提供遮阳避雨的功能。在炎炎夏日，它们能带来一丝凉爽；在细雨绵绵的日子里，则能提供一个温馨的避风港。此外，廊架的依靠面也被精心布置了植物围合，这些植物不仅为坐憩的居民提供了隐私保护和安全感，还丰富了空间的绿色元素，让整个坐憩环境更加贴近自然，充满生机。

通过上述设计，我们成功地将篮球场周边的坐憩环境打造成一个集舒适性、视觉引导性与社会性于一体的多功能空间。在这里，篮球爱好者可以近距离感受比赛的激情与魅力；路过的居民可以随意找个位置坐下，享受一场意外的视觉盛宴；家长则可以在陪伴孩子的同时，与周围的邻居交流心得，增进彼此的了解与友谊。这个坐憩环境不仅满足了人们的心理需求，也在无形中促进了社区文化的形成与发展，成为连接人心、传递温暖的重要桥梁(图 5-9)。

在儿童游乐区，大人们需要目不转睛地看护着自己的孩子，却没有合适的坐憩环境。笔者在儿童游乐区的坐憩环境改进设计中，考虑到自发性活动与社会性活动的双重需求，以舒

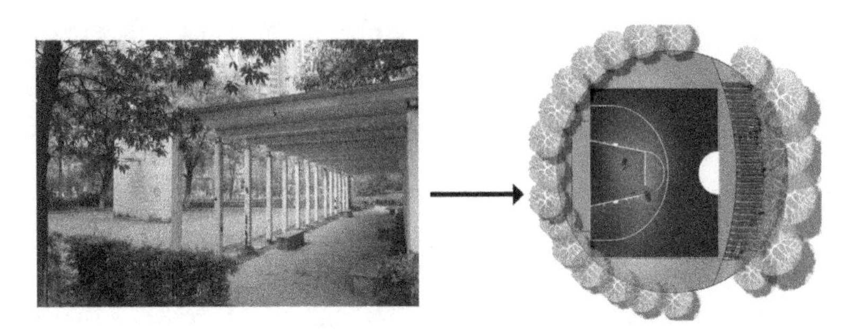

图 5-9　居住区组团空间坐憩环境(2)

适性、视觉引导性、从众性为主，将整个场地设计成中间低四周高，使照看孩子的家长有更好的视野。在场地周围大理石花坛的地面上铺一层防腐木，种植一些乔木，并搭建可遮阴避雨的廊架，可给居民带来更为舒适的坐憩体验。入口处相对开敞，可以吸引更多的孩子过来玩耍、休憩(图 5-10)。

图 5-10　居住区组团空间坐憩环境(3)

5.4 广场空间坐憩环境

在对上海城居住区广场空间的坐憩环境进行调查后，笔者总结了其一般的坐憩活动有观看活动、观看景观、聊天、等人等(表5-4)。在广场空间中，主要以社会性坐憩活动及必要性坐憩活动为主，需要考虑便捷性、视觉引导性、舒适性、从众性等。

表5-4 广场空间坐憩环境活动情况

区域	空间特点	活动类型	活动人群	活动时间	活动持续时间
A	开放	乘凉、休息、聊天	儿童、青年人、中年人、老年人	白天，偶尔	>半小时
B	开放	观看活动、集会、晒太阳、聊天	中年人、老年人	白天，频繁	>半小时

在对小区树阵广场的调研中，笔者发现该广场是一处非常好的夏季休闲、纳凉、集会的好地方，但到了冬季这里比较阴冷潮湿，少有人来休憩。树阵广场的设计师采用了框景的手法，想让在这里坐憩的居民有很好的美景欣赏。但笔者调研发现，该广场的景墙是小区与外界的分隔墙，外界并没有很好的景观可供坐憩的居民欣赏。这不禁让笔者想起了美国的佩雷公园，它也是一处三面临墙一面临街的坐憩环境。佩雷公园采用了落叶树种皂树，树与树的间距达到 3. 7 米，给了市民足够的活动空间。所以，在树阵广场的改进设计中，笔者以社会性坐憩活动为主，以舒适性、视觉引导性、从众性为指导，将常绿乔木换成落叶乔木，使冬季能有足够的采光。由于窗景并无美景，笔者将一面景墙做成跌水景观，另一面景墙上种爬藤植物，丰富居民坐憩时的对景。地面采用粗糙的蘑菇面方形小石块铺装，富有自然情趣。将单个的座椅换成“Z”形或者围合更大的形式，为社会性坐憩活动提供舒适的坐憩设施。富有造型的坐憩设施有较强的视觉引导性(图 5-11)。

在对小区中心广场的调研中，笔者发现该广场是整个小区人流量最大的地方，也是社会性活动发生频率最高的地方。它是进出小区的必经之地，人们聚在这里闲聊、周末搞促销活动等，让这里聚集了大量的人气。但这里仅仅只有两张座椅，最多只能坐下四个人，因此更多的居民选择站立，或自行寻找支撑。在改进设计中，笔者考虑到该处更多的是社会性活动，以舒适性、视觉引导性、从众性为指导，结合场地原有空间形

图 5-11　居住区广场空间坐憩环境(1)

态(入口处由于地势高差，植被形态更加多样丰富，进入广场后视野相对开阔，方便居民辨认楼宇)，将坐憩设施结合花坛设计成圆弧形的座椅，给居民更多的坐憩选择。广场中心做了稍下沉的设计(图 5-12)。

图 5-12　居住区广场空间坐憩环境(2)

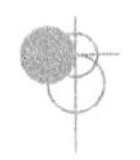

5.5 实践总结

上海城居住区的坐憩环境改进设计，旨在构建一个既满足功能需求又富含情感价值的多功能休憩空间体系，是一次前瞻性的城市规划与社区更新实践，深刻体现了“以人为本”的设计理念，将居民的日常坐憩行为作为设计的核心考量。这一设计不仅是对传统居住区环境的一次革新，也是对未来智慧社区、宜居城市建设的一次积极探索。

在改进设计前，笔者首先对不同年龄段、不同兴趣爱好的居民群体进行了深入调研，细化了坐憩环境的功能分区。从儿童游乐区的趣味座椅到老年活动区的舒适长椅，从健身区旁的即时休息区到景观步道旁的静谧观景亭，每一处设计都紧密贴合居民的实际需求，实现了从自发性坐憩到社会性坐憩的自然过渡。这种因活动制宜的设计思路，不仅提升了空间的利用率，还促进了邻里间的交流与互动，增强了社区的凝聚力。

在坐憩设施的选择上，改进设计注重了材质的耐用性、舒适度及美观性，如采用防腐木、石材等自然材料，既环保又易于维护。同时，结合人体工程学原理，设计了多种形态与尺寸的座椅，以满足不同人群的坐憩习惯。而植物配置是设计的另一大亮点，精心挑选和种植的乔木、灌木、地被植物等，不仅美化了环境，还起到了遮阴、降温、净化空气等多种作用。坐憩设施与植物的有机结合，营造出了一种自然、和谐、舒适的休憩氛围。

改进设计在注重功能性与美观性的同时，也高度关注生态环境的营造。通过引入雨水花园、生态滞留池等绿色基础设施，有效提升了区域的雨洪管理能力，减少了城市内涝的发生。同时，丰富的植物群落也为鸟类、昆虫等生物提供了栖息地，促进了生物多样性的保护。此外，设计中还融入了大量的文化元素和人文关怀，如设置文化墙、艺术雕塑等，让居民在享受自然美景的同时，也能感受到浓厚的文化氛围和社区归属感。

虽然该案例的改进设计方案尚未具体实施，但其所展现的设计理念、设计方法及设计成果，对于居住区未来的环境改造与升级具有重要的指导意义。通过模拟与预测，我们可以初步评估各设施在实际应用中的效益与可能遇到的问题，为后

续的实际项目实践提供宝贵的参考。未来，随着城市化进程的加快和居民生活品质的提升，人们对坐憩环境的需求将日益多样化、个性化。因此，持续关注并深入研究坐憩环境的设计与实践，将成为推动城市居住环境改善、提升居民幸福感的重要途径。

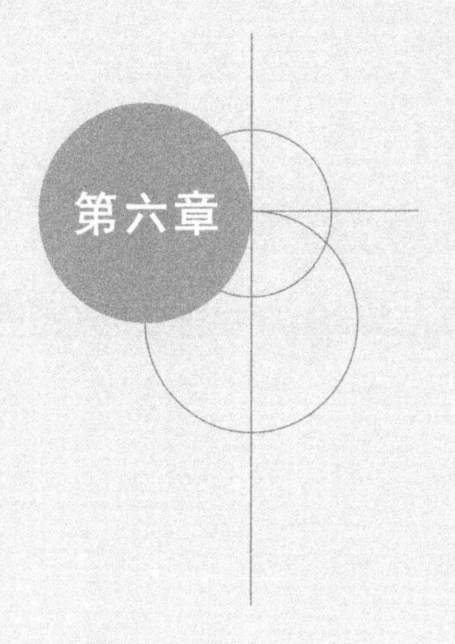

结　语

6.1　研究结论

本书基于环境行为学的居住区坐憩环境设计研究方法，从环境行为学的角度拓展了居住区坐憩环境设计的方式，重点取得了以下研究成果。

第一，提出长沙地区基于环境行为学的居住区坐憩环境系统建设方法。本书以长沙地区的居住区现状及居民使用评价为基础较为详细地分析了居民坐憩活动的行为特征，提出了包括建设原则、网络组织策略、景观设计思路与设施配置要求，以及不同类型的坐憩环境、附属设施在该专项设计层面的要点与特征，对于实践操作有积极的指导价值。该建设方法可在长沙新建开发区楼盘等环境条件较好的区域试行应用，可对长沙地区相应设计规范的出台起到推动作用。同时，该建设方法对于国内其他城市也具有一定的参考价值。

第二，国内基于环境行为学的设计研究多集中在城市规划及建筑设计层面，在居住区景观设计层面尚未提出一套坐憩环境设计方法。本书以环境行为学为理论依据，以长沙市居住区案例及笔者的实践经验为基础，系统地论述了相对完整的坐憩环境设计理念，提出了以居住区居民坐憩行为为导向的设计方法，分析了不同坐憩环境的设计要点与特征，从而具有更加广泛的应用价值。在居住区坐憩环境设计的基本环节中，本书拓展了现有的设计观念，强化以人为本的设计意识，实现坐憩环境的充分利用，减轻后期维护的负担，使小区景观环境具备更多的承载丰富活动的能力，发挥更大的功能价值和社会效益。这对于居住区的可持续发展有着重要的积极意义。

6.2　局限与不足

基于环境行为学的居住区坐憩环境设计研究工作对研究深度及设计方法的可操作性有较高要求，尽管笔者通过搜集、整理大量国内外资料以及基于本人的实践调查梳理出一套设计方法体系，但仍然存在疏漏与不足之处。另外，由于笔者的能力及相关实践经验有限，本书难免存在局限性。笔者基于个人的研究针对长沙地区的几个小区提出专项设计原则，所设计的相关量化分析指标有待其他实践项目进一步检验。这将在日后的工作中继续深入探索。

6.3 展望

发达国家对环境行为学的研究已经有三十多年的历史，在法律法规及可持续发展观念的推进下，从20世纪90年代末开始在城市居住区、公园、学校、广场等用地中进行了大量的设计实践。而我国在该领域的研究起步晚，特别是在居住区坐憩环境设计方面，近年来才有一些专业人员开始关注，但相关实践还非常有限。本书论述的设计方法对于国内居住区坐憩环境的建设具有参考价值，但工作的开展还存在相当的局限性。对此笔者有以下几点展望：

第一，有必要针对我国城市居住区坐憩环境的问题，出台更为详尽的解决方案，以地产公司与设计公司为首共同推进基于环境行为学的居住区坐憩环境设计实践，旨在从源头提升城市的坐憩品质。

第二，为推进执行，有必要出台地方性的专项坐憩环境设计导则，明确小区绿地布局、位置、范围及在小区规模层面所承接的体量，对体量大的提出进一步具体要求。专项坐憩环境设计导则的推出有利于制定可操作性更强的设计导则。

第三，针对长沙地区所提出的坐憩环境系统建设原则仅是初步制定，期望有更多的专业技术及设计人员在实践检验中深入研究，提出更详尽、更具有长沙本土指导价值的建设原则。希望本书能促进不同地域条件下城市居住区坐憩环境专项建设原则的推出，切实推进各地区坐憩环境建设的可持续发展，实现以人为本、资源利用最大化，并以此缓解各地区的居住区人与环境之间的矛盾。

笔者期望本书能够促进相关专业领域人士对居住区坐憩环境设计给予关注，不断推进、探索该领域的拓展方向。本书研究了基于环境行为学的居住区坐憩环境设计，而对城市更多的户外坐憩环境没有进行研究探讨，希望今后能对此进行进一步的研究。笔者文笔钝拙，经验尚浅，望本书能够得到更多专家及同人的批评指教。

参考文献

[1] 赵元月. 基于环境行为学的广州市近郊住区散步环境研究[D]. 广州：华南理工大学，2012.

[2] 马惠娣. 休闲：人类美丽的精神家园[M]. 北京：中国经济出版社，2004.

[3] 陈翚. 行为·环境：城市广场景观设计的行为学理论应用研究[D]. 长沙：湖南大学，2003.

[4] 石谦飞. 建筑环境与建筑心理学[M]. 太原：山西古籍出版社，2001.

[5] 陈岚. 高层居住环境行为心理与设计策略研究[D]. 重庆：重庆大学，2003.

[6] 赵子墨. 基于 POE 评价方法的城市公共景观设计研究：以大连开发区世纪广场与体育公园为例[D]. 沈阳：沈阳建筑大学，2011.

[7] 周俭. 城市住宅区规划原理[M]. 上海：同济大学出版社，1999.

[8] 张红雷. 公共坐具与坐憩行为关系研究[D]. 上海：东华大学，2009.

[9] 周晓娟. 户外坐憩设施设计研究[J]. 规划师，2001(1)：87-90.

[10] 梁宇凌，马静. 发展生态建筑　营造生态城市　改善人居环境[J]. 建筑与设备，2011(3)：7-8.

[11] 温骐祯. 户外游憩体验质量评价研究[D]. 上海：同济大学，2006.

[12] 金潇. 基于行为心理学的城市公园游憩空间营建初探[D]. 雅安：四川农业大学，2012.

[13] 梁静. 建筑环境心理学在高校建筑外环境设计中的应用[D]. 太原：太原理工大学，2006.

[14] 林奇. 城市意象[M]. 方益萍，何晓军，译. 北京：华夏出版社，2001.

[15] 舒尔兹. 存在·空间·建筑[M]. 尹培桐，译. 北京：中国建筑工业出版社，1990.

[16] Alexander C. A City is Not a Tree[M]. Sustasis Press, 2016.

[17] 亚历山大，等. 建筑模式语言[M]. 王听度，周序鸿，译. 北京：知识产权出版社，2002.

[18] 亚历山大，等. 城市设计新理论[M]. 陈治业，童丽萍，译. 北京：知识产权出版社，2002.

[19] 刘晨. 基于居民行为观察视角下的城市居住区景观构成研究：以合肥市居住区为例[D]. 合肥：合肥工业大学，2011.

[20] 朱冰. 环境：行为学的发生和发展[J]. 新建筑，1987(1)：43-46.

[21] 李斌. 环境行为学的环境行为理论及其拓展[J]. 建筑学报，2008(2)：30-34.

[22] 曹芳伟. 基于环境行为学理论下的城市街道研究[D]. 合肥：合肥工业大学，2009.

[23] 吕萌丽，吴志勇. 基于环境行为学的城市道路节点空间整合研究：以广州市为例[J]. 规划师，2010(2)：73-78.

[24] 朱兵. 环境行为学在建筑设计中的应用问题[J]. 世界建筑，1989(6)：17-20.

[25] 何凡，邹瑚莹. 环境行为学指导的建筑调查研究[J]. 华中建筑，2004(3)：9-11.

[26] 郝晴，肖平凡. 浅谈环境行为学在居住社区建设中的运用[J]. 山西建筑，2011(1)：9-11.

[27] 文晓枫. 环境行为学视角下的开敞空间环境分析[J]. 山西建筑，2010(28)：12-14.

[28] 李菲. 环境行为学与老年人住宅设计[J]. 内蒙古科技与经济，2007(21)：335-336.

[29] 李东梅. 环境行为学研究：从住宅庭园环境调查谈人的室外行

为模式[J]. 工业建筑，2005(10)：92-93.

[30] 张奕飞，陈波，李建军. 环境行为学视角下大学校园步行道路系统分析[J]. 西安航空技术高等专科学校学报，2012(5)：60-63.

[31] 赵鑫，吕文博. 环境行为学在植物景观营造中的应用初探[J]. 渤海大学学报(自然科学版)，2005(4)：309-312.

[32] 王晨. 环境行为学在公园植物配置中的应用[J]. 绿化与生活，2012(4)：31-34.

[33] 米尔顿. 环境决定论与文化理论：对环境话语中的人类学角色的探讨[M]. 袁同凯，周建新，译. 北京：民族出版社，2007.

[34] LANG J. Creating architectural theory：The role of the behavioral sciences in environmental design[M]. New York：Van Nostrand Reinhold，1987.

[35] STOKOLS D，ALTMAN I. Handbook of environmental psychology[M]. New York：John Wiley & Sons，1987.

[36] 沙利文. 庭园与气候[M]. 沈浮，王志姗，译. 北京：中国建筑工业出版社，2005.

[37] 梅恩，汉娜. 室外家具及设施：关于景观室外家具及设施的规划、选择和应用完全指南[M]. 赵欣，白俊红，译. 北京：电子工业出版社，2012.

[38] 马库斯，弗朗西斯. 人性场所：城市开放空间设计导则[M]. 俞

孔坚，孙鹏，王志芳，译. 北京：中国建筑工业出版社，2017.
[39] 拉特利奇. 大众行为与公园设计[M]. 王求是，高峰，译. 北京：中国建筑工业出版社，1990.
[40] 凌云峰. 公共坐憩设施研究[D]. 西安：西安建筑科技大学，2007.
[41] 凌云峰. 公共坐憩设施与环境的融合[J]. 山西建筑，2007(17)：26-27.
[42] 姜远. 城市公共空间中坐憩设施的人性化设计研究[D]. 北京：中国林业科学研究院，2013.
[43] 贾蓉. “坐”的思考，“座”的设计：人的行为方式与户外坐憩空间的探索[D]. 昆明：云南艺术学院，2011.
[44] 陆倩茜，王洁. 人性化场所：坐憩空间的整合营造[J]. 低温建筑技术，2005(6)：21-22.
[45] 何灵敏. 探索如何塑造一个可以坐的城市[D]. 长沙：湖南大学，2006.
[46] 贾蓉. 公共坐憩空间的研究[J]. 大众文艺，2010(8)：121-123.
[47] 戚余蓉. 哈尔滨住区室外坐憩空间的问题分析[J]. 黑龙江科技信息，2013(22)：211，87.
[48] 王萍萍. 珠江三角洲紧凑住区休憩空间形态设计研究[D]. 广州：华南理工大学，2014.
[49] 宋天弘. “中和”之道在居住区坐憩环境设计中的应用[D]. 沈

阳：沈阳理工大学，2009.

[50] 张东辉，程鹏. 居住区坐憩环境设计探究[J]. 中外建筑，2008(6).

[51] 盖尔. 交往与空间[M]. 何人可，译. 北京：中国建筑工业出版社，2002.

[52] 怀特. 街角社会：一个意大利人贫民区的社会结构[M]. 黄育馥，译. 北京：商务印书馆，1994.

[53] 刘旭红，叶子君. 居民行为心理与居住小区环境设计[J]. 南方建筑，2005(1)：81-84.

[54] 雷云尧. 基于行为与心理的居住小区设计研究[J]. 安徽建筑，2011(3)：16-17.

[55] 冯端. 行为心理与居住小区绿地的布置[J]. 中外房地产导报，2002(15)：34-37.

[56] 庞颖，李文. 基于环境行为的住区植物景观设计策略研究[J]. 安徽农业科学，2010(12)：6616-6618.

[57] 高宁. 以环境行为学观点探讨居住区户外环境[D]. 咸阳：西北农林科技大学，2007.

[58] 熊鹏. 环境行为心理学在城市居住区景观设计中的应用[D]. 南京：南京林业大学，2009.

[59] 于深. 社区公共活动景观设计中的环境行为研究[D]. 北京：中国艺术研究院，2010.

[60] 王晓静. 居住小区景观设计中环境行为研究：以海阳御景小区景观设计为例[D]. 济南：山东建筑大学，2012.

[61] 孙雪芳，金晓玲. 行为心理学在园林设计中的应用[J]. 北方园艺，2008(4)：162-165.

[62] 邓晓明. 汉正街传统街区隙间环境行为研究[D]. 武汉：华中科技大学，2006.

[63] 崔木杨. 略论环境行为对公共景观设计的影响[J]. 三峡大学学报，2007(6)：11-13.

[64] 王建武. 基于 POE 研究的校园开放空间改造性规划：以北京大学为例[J]. 中国园林，2007(5)：77-82.

[65] 周橙旻，张福昌. 南京青奥会公共座椅家具设计策略探讨[J]. 南京艺术学院学报(美术与设计版)，2011(5)：157-160.

[66] 叶燕春，冷红. 北方城市住区户外公共空间环境设计对策[J]. 低温建筑技术，2008(3)：36-37.

[67] 杨建华，林静，陈力. 城市公共空间环境设施规划建设的现状问题分析[J]. 中国园林，2013(4)：58-62.

[68] 张冉，熊建新. 城市公共空间座椅设计研究[J]. 包装工程，2010(14)：12-14.

[69] 韩秀瑾. 高层住宅中邻里空间的“边界效应”探析：在现代人文精神语境中[J]. 华中建筑，2007(3)：78-80.

[70] 王晓勤. 行为心理学在小游园设计中的应用[J]. 黑龙江农业科

学，2012(11)：125-127.

[71] 唐鸣放，张恒坤，赵万民. 户外公共空间遮阳分析[J]. 重庆建筑大学学报，2008(3)：5-8.

[72] 马静，胡雪松，李志民. 我国增进住区交往理论的评析[J]. 建筑学报，2006(10)：16-18.

[73] 李素云. 山地城市中建筑景观照明的视觉分析和研究[D]. 北京：北京工业大学，2009.

[74] 卞慧媛. 人性化景观设施空间营建的研究[D]. 哈尔滨：东北林业大学，2006.

附　录

长沙市居住区居民
坐憩活动情况的调查问卷

尊敬的女士/先生：

您好！

我是湖南大众传媒职业技术学院专职教师，出于研究目的，需要在贵小区进行关于居民坐憩活动情况的调查。希望您根据日常开展坐憩活动的真实情况填写。这项调查将会对我的学习与研究产生莫大的帮助！对于您的真诚配合和协助，我表示由衷的感谢！

年龄：

□<18 岁

□18~24 岁

□25~34 岁

□35~60 岁

□>60 岁

职业：

□学生

□工作

□无业/退休

所居住的小区：

□上海城

□第六都

□中城丽景香山

□中隆国际御玺

居住时间：

□<1 年

□1~3 年

□3~5 年

□5~10 年

□>10 年

1. 您经常在居住区环境中进行坐憩活动吗？

□经常，基本每天都坐憩

□有时，有闲暇的情况下可能会坐憩

□很少坐憩

2. 您多选择居住区内的什么地点进行坐憩活动？

□架空层

□宅间绿地

□小游园

□健身区

□儿童游乐区

□组团空间

□广场周边

□其他

3. 您多出于什么原因而进行坐憩活动？

□娱乐

□观望

□休息

□等人

□晒太阳、乘凉

□照看小孩

□赏景

□交往

□交谈

□集会

□其他

4. 您出于什么原因而选择这里？（可多选）

行为心理	主要 —— 次要				
	5	4	3	2	1
来这里比较方便（便捷性）					
看大家都在这里（从众性）					
这里环境比较舒服（舒适性）					
这里视线好（视觉引导性）					
习惯来这里（习惯性）					
只有这么个地方坐（场所限定性）					

5. 您多选择在什么时间进行坐憩活动?

□早晨(9:00 之前)

□上午(9:00—12:00)

□下午(12:00—16:00)

□傍晚(16:00—19:00)

□晚饭后(19:00 之后)

6. 您每次进行坐憩活动一般持续多长时间?

□<15 分钟

□15~30 分钟

□30~60 分钟

□>60 分钟

7. 您对本小区的整体坐憩环境满意吗?

□满意

□一般

□不满意

最后,对您的支持与合作再次表示感谢!祝您身体健康!